高速列车网络控制系统原理与应用

常振臣　沙淼　编著

中国铁道出版社有限公司

2020年·北　京

内 容 简 介

列车网络控制系统是高速列车的关键技术之一，负责高速列车控制、监测和故障诊断功能。本书在介绍数据通信基础、网络通信基础的基础上，详细地叙述了列车通信网络实时协议、多功能车辆总线、绞线式列车总线，结合作者的科研成果和运用经验，在介绍网络接口单元的基础上，系统地阐述了目前CRH系列动车组的网络控制系统，最后介绍了列车通信网络控制系统的发展趋势。

本书可作为高等院校相关专业的教学用书，也可供从事列车网络控制系统的工程技术人员参考。

图书在版编目(CIP)数据

高速列车网络控制系统原理与应用/常振臣，沙森编著. —北京：中国铁道出版社，2016.7（2020.3 重印）

ISBN 978-7-113-21846-1

Ⅰ.①高… Ⅱ.①常… ②沙… Ⅲ.①计算机网络－应用－高速列车 ②计算机控制－应用－高速列车 Ⅳ.①U292.91-39

中国版本图书馆 CIP 数据核字(2016)第 119387 号

书　　名： 高速列车网络控制系统原理与应用
作　　者： 常振臣　沙森

策　　划： 徐　艳
责任编辑： 冯海燕　　　　**编辑部电话：** 010-51873017
封面设计： 王镜夷
责任校对： 孙　玫
责任印制： 陆　宁　高春晓

出版发行： 中国铁道出版社有限公司(100054，北京市西城区右安门西街 8 号)
网　　址： http://www.tdpress.com
印　　刷： 中国铁道出版社印刷厂
版　　次： 2016 年 7 月第 1 版　2020 年 3 月第 2 次印刷
开　　本： 850 mm×1 168 mm　1/32　印张：6.125　字数：156 千
书　　号： ISBN 978-7-113-21846-1
定　　价： 26.00 元

前　言

列车网络控制系统是高速列车的神经中枢系统，负责列车的控制、监测和故障诊断功能，是高速列车安全可靠运行的技术保障。随着高速列车智能化程度和安全性要求的提高，高速列车上采用的智能化子系统越来越多，监测的部位和项点也越来越多，需要大量信息安全、实时、可靠地在各子系统及列车网络控制系统间进行传输，列车网络控制系统已成为高速列车的主要核心技术之一。

本书内容全面，理论和实际应用结合紧密，全面介绍了高速列车网络控制系统的工作原理和技术发展，旨在为列车网络控制系统的人才培养和技术进步工作奠定基础，提升高速列车网络控制系统的运维能力和水平。

本书在介绍数据通信基础和网络通信基础的基础上，详细叙述了列车通信网络实时协议、多功能车辆总线、绞线式列车总线，系统地阐述了目前 CRH 系列动车组的网络控制系统的组成和主要功能，最后介绍了列车通信网络控制系统的发展趋势。

本书由长春轨道客车股份有限公司常振臣、沙淼、王树宾组织编写，韩霜、李晓明、单正辉、李海龙、刘长远、王华伟、李强、牛亚男等同志参与了编写工作。全书由常振臣统稿并最后审定。

在编写过程中参考了相关技术文献，在此对文献的作者表示诚挚的感谢。

由于编者水平有限，书中的疏漏和不妥之处，真诚地希望读者和专家给予批评指正。

作者

2016 年 5 月

目　录

第1章　绪　　论

1.1　列车通信网络(TCN)的产生及发展概况

现代列车正朝着高速化、自动化和舒适化的方向发展。与传统的列车相比，越来越多的信息（诸如状态、控制、故障诊断、旅客服务等信息）由此而产生，并且迫切需要在机车车辆各计算机之间互相传输与交换。如何将这些大量的信息安全、快速、可靠准确地在整个列车上传输，已成为列车研制中面临的一个关键性课题。为满足上述要求，列车通信网络（TCN，Train Communication Network）应运而生。列车通信网络的建设是保证列车控制有效性、安全性及旅客舒适性必需的，国外已开行的高速列车，如德国的ICE、法国的TGV、日本的新干线等高速列车都装有完整的通信网络。近年来，随着国内交流传动高速列车、电动车组、城市轨道车研究工作的开展，列车控制技术已从单台机车控制逐步向列车网络控制方向发展，列车网络控制技术已成为高速列车、动车组的必备技术之一，列车通信网络技术已引起越来越多研究工作者的兴趣与重视。

20世纪70年代末至80年代初，车载计算机的雏形分别在西门子公司和BBC公司出现。开始仅仅是用于传动装置的控制，随着控制、服务对象的增多，列车通信网络在初期的串行通信总线的基础上应运而生，并从原来不同公司的企业标准推向国际标准，逐步形成了列车通信与控制系统的标准化、模块化的硬件系列和全方位的开发、调试、维护、管理软件工具。如瑞士Adtranz公司的MICAS系统、德国Siemens公司的SIBAS系统、日本的TIS系统及法国ALSTOM公司的FIP系统等。但这些系统由于自成体系，缺乏统一的通信协议及标准，互不兼容。为此 1988 年，IEC 第 9 技术委员会 TC9 成立了第 22 工作组 WG22，其任务是制订一个开放的通信系统，从而使得各种铁道机车车辆能够相互连挂，车上的可编程电子设备能够互换。1992 年 6 月，TC9 WG22 以委员会草案的形式向各国发出列车通信网 TCN 的征求意见稿。总体结构把列车通信网规定为由多功能车辆总线 MVB 和绞线式列车总线 WTB 组成。

WTB 被设计用于在日常作业中经常改变其编组的列车中连接各车辆的串行数据总线，它可以在固定编组的列车中充当列车总线，其性能满足国际铁路联盟的要求。WTB 是在德国 DINV43322 和意大利 CD450 高速列车总线基础上发展起来的，其通信速率为 1 Mbit/s，以屏蔽双绞线为介质，无需中继器即可传输 860 m，连接 32 个节点。WTB 的最显著特色是它的以连续顺序给节点自动编号和让所有节点具有识别列车右侧和左侧的能力。每当列车组成改变时（例如连挂或摘除车辆），列车总线各节点执行初运行过程，该过程在电气上将各节点连接起来，并给每个节点分配连续地址。

MVB 是用于在一个固定编组的几个车辆内连接各种可编程设备和这些设备的传感器/执行器的车辆总线，它也可在固定编组的列车内作列车总线。MVB 是在瑞士 Lok460 机车上创始的总线基础上制定的。MVB 的传输介质可以是双绞线，也可以是光纤。在后一种场合，其传输距离为 2 000 m，最多可连接 256 个智能总线站。数据划分为过程数据、消息数据和监管数据，对过程数据的传输做了优化，发送的基本周期是 1 ms 或 2 ms。

1994 年 5 月至 1995 年 9 月，欧洲铁路研究所（ERRI）耗资 300 万美元，在瑞士的 Interlaken 至荷兰的阿姆斯特丹的区段，对由瑞士 SBB、德国 DB、意大利 FS、荷兰 NS 的车辆编组组成的运营试验列车进行了全面的 TCN 试验。

1998年11月,在中国湖南株洲召开IECTC9年会。1999年6月,TCN标准草案IEC 61375-1正式成为国际标准。国际上一些大的铁路工业公司(如德国Siemens公司和瑞士Adtranz公司)已推出符合TCN标准的列车通信网络产品。

随着TCN标准的推出,国外符合TCN标准的网络设备在列车中的运用也越来越多。为确保相互操作,除有一个公共的通信协议外,各应用层的数据通信也必须标准化,以便设备和组件能被访问而不必考虑它们的制造厂商。为此,欧洲联盟设立了ROSIN工程,该工程为各主要应用(例如旅客运输、货运列车组、市郊列车组)定义了设备框架协议。这个工程包括了无线电通信以及车载设备中用于诊断和维护目的的远程访问。ROSIN工程于1999年6月成功完成。

目前欧洲联盟正在执行一个新的工程,即TrainCom工程,是应用于智能列车的综合通信系统的简称。这个工程启动于2000年12月1日,在这个工程中要完成的主要任务有标准化和一致性(Standard and Conformance)、通信基础(Communication Infrastructure)、车载在线的动态信息服务(On-board Dynamic Information Services)、远程监控和维护(Remote Monitoring and Maintenance)、机车互操作性(Locomotives Interoperability)五个方面的内容。通过这个工程,欧洲联盟不但要维护和改进TCN标准,使其更加完善和实用,而且引入了更加先进的通信和网络技术到列车中来,丰富了列车通信网络的功能。

我国向伊朗出口的动车组TM_1,为解决机车重联,从瑞士Adtranz公司购买了MICAS系统。其控制网络由3级构成,列车总线为FSK,速率为19.2 kbit/s,介质为双绞屏蔽线;车辆总线为MVB,介质为光纤,速率为1.5 Mbit/s。

在DDJ1动车组上,也采用了Adtranz公司的MICAS系统,全列车只有2个节点(动力车和控制车上各1个),由控制车来操纵全列车,可在两个方向上行驶。但总线结构上与TM_1车组有两点不同:一是车间连接的跨接电缆由一个车的末端伸出至另一节车辆的插座,从而省去一组接插件;二是考虑到能将两列短编组列车连接成长编组工作,列车总线冗余方式作了改变。在 TM_1 机车中,将前向通道折回作为列车总线冗余通道,只是同一块插件通道和列车总线介质的冗余,而在 DDJ1 机车上增加了一套列车总线硬件,做到了列车总线硬件和通信介质的双冗余。

20 世纪 90 年代中期,随着动车组研究在我国升温,对列车通信网络特别是机车的重联控制通信的需求十分迫切。一方面,铁道部开展了列车通信网络研究课题,另一方面路内外许多单位也先后自发地开展了自我开发、联合开发或技术引进工作。这些工作主要在局域网、现场总线、TCN、通信介质、基于 RS485 的通信协议等领域展开。如:上海铁道大学与株洲电力机车研究所合作开发的基于 ARCNET 的列车总线和基于 HDLC 的车辆总线的列车通信网络的研究;上海铁道大学用 CAN 作为连接司机台和列车控制单元的局部总线的研究;国防科技大学用 CAN 作为磁悬浮列车的列车总线的研究;西南交通大学用 RS485+协议作为摆式列车倾摆控制总线的研究;北方交通大学对通信介质及其转换的研究;大同机车厂对列车通信网结构及其协议的研究和对 BITBUS 的研究;株洲电力机车研究所的基于 FSK 的列车通信的研究,基于 RS485+协议的局部总线的研究,基于 LonWorks 的列车总线和局部总线的研究,CAN 总线用于列车监控装置和摆式列车局部控制总线的研究,基于 Mod Bus 的 I/ O 局部总线的研究,MVB、WTB 的研究等以及国产化的 MVB 产品与其他公司的 MVB 产品的兼容性试验;四方机车车辆研究所、铁道科学研究院、西南交通大学、武进市剑湖铁路客车配件厂、武汉正远公司等对 LonWorks、MVB、WTB 进行了研究。

"新曙光"号是首列采用 LonWorks 列车总线技术的内燃动车组。在该项目中,LonWorks 列车总线网卡插在成熟的内燃机车计算机控制装置 EXP 机箱中。首尾动力车的重联通信通过

LonWorks列车总线以显式报文方式实现，而EXP机箱内的主CPU通过机箱背部的并行FE总线访问网卡上的双口RAM实现信息交换。“神州”号的LonWorks列车重联通信与此类似，但采用了二路，即设置了一路LonWorks冗余通道。

“先锋”号是首列采用了株洲电力机车研究所的列车通信与控制系统的动力分散交流传动电动车组。在该项目中，每节动车或拖车上都有一个列车总线节点，列车总线FSK贯穿全列车连接各个节点。在每节动车或拖车内，各智能控制设备通过MVB或控制器总线与节点交换信息。在司机台显示器上可以选择查看全列车各个设备的状态。

“中原之星”号是第二列采用列车通信与控制系统的动力分散交流传动电动车组。该项目与“先锋”号项目的主要区别是采用了MVB光缆连接一个车组单元内三节车的所有智能控制设备(大部分布置在车辆的地板底下)，而整列车仅设置了2个列车总线节点，即每个车组单元只设置1个列车总线节点，简化了控制信号在列车总线上的传递。另外，“中原之星”号的车辆总线、列车总线、列车控制单元、某些重要设备控制用的数字输入/输出通道(如继电器)等采取了冗余措施。

“中华之星”高速列车是我国自行研制的具有自主知识产权的动力集中式交流传动车组。整列车由2动9拖组成，采用分布式列车计算机控制与网络系统，按功能主要划分为列车级、车辆控制级、传动控制级。列车总线采用WTB，车辆总线采用MVB。每节车均设有一个WTB节点，各节点通过WTB列车总线连接起来，主节点设在动力车上。动力车网络系统各功能单元采用MVB进行通信，MVB总线采用了光纤、电缆ESD和ESD+三种介质。动力车中央控制单元采用两套同等的硬件结构，负责控制、通信及故障诊断。

“先锋”号、“中原之星”号、“中华之星”号较为完备的列车通信与控制系统的成功，标志着我国列车通信与控制系统的发展已经进入实用化的新阶段。但目前我国在列车通信网络方面的研究较一些发达国家还有一定差距，自行研制的列车通信网络产品其实用性和可靠性还有待于实践的检验。我国开发或正准备开发的电动车组、高速车、城市轨道车等新的铁路机车车辆都需要装上列车通信网络产品，以实现整个列车的正常运行。

TCN 国际标准的制定为我国低水平铁路计算机通信技术的迎头赶上提供了良好的技术基础和科学的发展方向，随着 200 km/h 动车组和 300 km/h 动车组的引进，中国铁道科学研究院、青岛四方机车车辆研究所有限公司、株洲电力机车研究所有限公司等单位开展了动车组列车网络控制系统的消化吸收再创新工作，已相继研发了动车组列车网络控制系统并实现了批量装车应用，并推广应用于中国标准动车组和城市轨道车辆，提升了所研发轨道车辆产品在国际市场的竞争力，并为动车组“走出去”提供了强有力的核心技术支撑。

1.2 列车通信网络的特点及优点

列车总线是列车通信网络建立的基础。列车通信网络投入使用前，列车的控制都是通过硬线实现的，随着传输信息量的增加，采用列车总线实现动车组状态及故障等信息的传输已成为必然趋势。

1. 列车总线的技术特点

(1)系统的开放性

开放系统是指通信信息协议公开，各不同厂家的设备之间可进行互连并实现信息交换。目前列车通信网络标准 IEC 61375-1 及列车总线通信协议 UIC556 等相关标准的公开，为列车通信网络的普及奠定了基础。一个开放的系统，它可以与任何遵守相同标准的其他设备或系统互连，开放系统把系统集成权交给了用户，用户可按自己的需要和对象，把来自不同供应商的产品组成满足自己需要的系统。

(2)互操作性

互操作性指实现互连设备间、系统间的信息传递与沟通，可实现点对点、一点对多点的数字通信。而互用性则意味着不同生产厂家的性能类似的设备可进行互换而实现互用。

(3)现场设备的智能化与功能自治性

列车通信网络将传感器、补偿计算、工程量处理与控制等功能分散到现场设备中完成，仅靠现场设备即可完成自动控制的基本功能，并可随时诊断设备的运行状态。

(4)系统结构的高度分散性

由于现场设备本身已可完成自动控制的基本功能，使得列车总线可构成分布式控制系统，简化了系统结构，提高了可靠性。

(5)对使用环境的适应性

网络传输的电缆可支持双绞线、光缆等，具有较强的抗干扰能力。

2. 列车总线的优点

列车总线的采用，使列车控制系统从设计、安装到正常运行及检修维护，都体现出优越性。

(1)节省硬件数量与投资

列车总线的采用，使得分散在设备前端的智能设备能执行多种传感器、控制、报警等功能，因而不再需要单独的控制器，也不需要信号调理、转换、隔离技术等功能单元，从而节省了硬件投资。

(2)节省安装费用

列车总线的接线十分简单，由于一对双绞线或一条电缆上通常可挂接多个设备，因而电缆、端子的数量可大大减少，连线设计与接头校对的工作量也大大减少。当需要增加新的控制设备时，无需增加新的电缆，可就近连接在原有的电缆上，既节省了投资，也减少了设计、安装的工作量。

(3)节约维护开销

由于现场控制设备具有自诊断与简单故障处理能力,并通过数字通信将相关的诊断维护信息送往司机台智能显示单元,司机和维护人员可以查询所有设备的运行和诊断维护信息,以便及时分析故障原因并快速排除,缩短了维护时间。同时由于系统结构简化、连线简单而减少了维护工作。

(4)用户具有高度的系统集成主动权

用户可以自由选择不同厂商所提供的设备来集成系统,扩大了设备的选择范围。用户不用再为系统集成中不兼容的协议、接口而一筹莫展,系统集成过程中的主动权完全掌握在用户手中。

(5)提高了系统的准确性和可靠性

由于现场设备的智能化、数字化,与模拟信号相比,从根本上提高了测量与控制的准确度,减少了传送误差。同时,由于系统结构简化,设备与连线减少,减少了信号的往返传输,提高了系统工作的可靠性。

1.3 列车通信总线简介

列车通信网络通常采用分层结构。根据列车控制的特点分为上下两层,即列车总线和车辆总线。列车总线连接不同车辆(单元)中的网络节点(网关),车辆总线连接同一车厢或固定车组内部各种可编程终端装置。列车总线和车辆总线是两个独立的通信子网,可采用不同的网络协议,通过一个列车总线节点(网关)互连,在应用层的不同总线之间通信时,由此节点充当网关(Gateway)。在车辆总线下扩展第 3 级总线即设备总线(Device Bus),如连接传感器的总线或连接执行单元的控制总线,它们可作为车辆总线的设备连接到车辆总线上,列车控制网络的拓扑结构如图 1-1 所示。

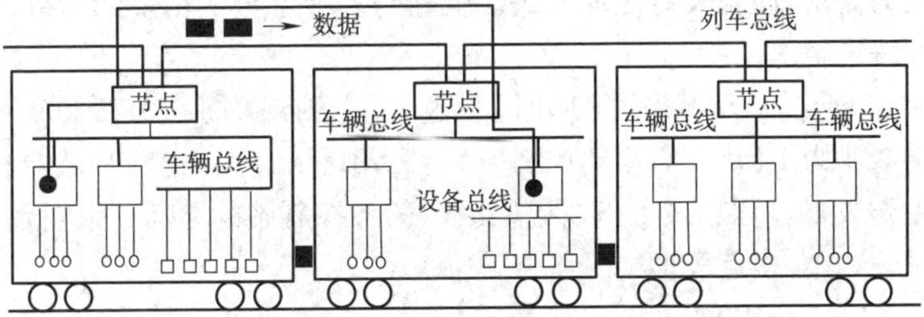

图 1-1 列车通信网络拓扑结构

以上结构并不是绝对的，整个列车的组成可以灵活多样，一节车厢内可以有一条或多条车厢总线，也可以没有；车厢总线也可以在固定编组的情况下跨接几节车厢。如果整列车是固定编组，列车总线并不需要对接点进行连续编号，这时车厢总线可以起到列车总线的作用。

由于技术和利益等原因，目前在列车通信网络中所使用的总线除前面介绍的 WTB、MVB 外，还有 WordFIP、LonWorks、CAN、RS485 总线等多种类型。

1. WorldFIP

WorldFIP 的北美部分与 ISP 合并成为 FF 以后，WorldFIP 的欧洲部分仍然保持独立，总部设在法国，该协议符合法国国家标准和欧洲标准 EN 50170 的第三部分。到目前为止，WorldFIP 协会已拥有 100 多个成员，生产 350 多种 WorldFIP 现场总线产品。WorldFIP 产品在法国市场的占有率大约 60%，在欧洲市场占有大约 25%的份额。WorldFIP 广泛用于制造业、铁路运输、地铁等自动化领域。

WorldFIP 是一个开放的系统，不同领域都可以使用，不同厂家生产的装置可以实现互连，当然这必须以 WorldFIP 协议为基础。

WorldFIP 的特点是具有单一的总线结构来适用不同应用领

域的需求,而且没有任何网关。低速与高速部分的衔接用软件的办法来解决。

不同应用领域采用不同的总线速率,过程控制采用 31.25 kbit/s,制造业为 1 Mbit/s,驱动控制为 1～5 Mbit/s。采用总线仲裁器和优先级来管理总线上(包括各支线)的各控制站的通信,可进行一对一,一对多点等形式。

2. LonWorks

LonWorks 是又一具有强劲实力的现场总线,它是由美国 Echelon 公司推出并由其与 Motorola、Toshiba 公司共同倡导,于 1990 年正式公布而形成的。它采用了 ISO/OSI 模型的全部七层通信协议,采用了面向对象的设计方法,通过网络变量把网络通信设计简化为参数设置,其通信速率从 300 bit/s 到 1.5 Mbit/s,直接通信距离可达到 2 700 m(78 kbit/s,双绞线),支持双绞线、同轴电缆、光纤等多种通信介质。

LonWorks 技术所采用的 LonTalk 协议被封装在称为 Neuron 的芯片中并得以实现。集成芯片中有 3 个 8 位 CPU,第一个用于完成开放互连模型中的 1～2 层功能,称为媒体访问控制处理器,实现介质访问的控制与处理;第二个用于完成第 3～6 层功能,称为网络处理器,进行网络变量处理的寻址、处理、背景诊断、函数路径选择、网络管理,并负责网络通信控制、收发数据包等;第三个是应用处理器,执行操作系统服务与用户代码。芯片中还具有存储信息缓冲区,以实现 CPU 之间的信息传递,并作为网络缓冲区和应用缓冲区。

3. CAN

CAN 是控制器局域网(Controller Area Network)的简称,最早由德国 BOSCH 公司提出,用于汽车内部测量与执行部件之间的数据通信。其总线规范现已被 ISO 国际标准组织制订为国际标准,得到了 Motorola、Intel、Philips、Siemens、NEC 等公司的支持,已广泛应用在离散控制领域。

CAN协议也是建立在国际标准组织的开放系统互连模型基础上的，不过其模型结构只有3层，既物理层、数据链路层和应用层。其信号传输介质为双绞线，通信速率最高可达1 Mbit/s（总线长度为40 m时），直接传输距离最远可达10 km（此时通信速率为5 kbit/s），可挂接设备最多可达110个。

CAN的信号传输采用短帧结构，每一帧的有效字节数为8个，因而传输时间短，受干扰的概率低。当节点严重错误时，具有自动关闭的功能以切断该节点与总线的联系，使总线上的其他节点及其通信不受影响，具有较强的抗干扰能力。

CAN支持多种方式工作，网络上任何节点均可在任意时刻主动向其他节点发送信息，支持点对点、一点对多点和全局广播方式接收/发送数据。它采用总线仲裁技术，当出现几个节点同时在网络上传输信息时，优先级高的节点可继续传输数据，而优先级低的节点则主动停止发送，从而避免了总线冲突。

4. RS485总线

RS485总线具有设备简单、成本低等优势，但其本身只有物理层的接口规范，没有对通信中的链路连接、网络控制权问题作出相关规定，因而在实际应用中，由485端口所形成的485网络往往还需要同自定义通信协议或其他规范的高层通信协议结合使用。

在RS485网络中，每个节点都具有发送和接收能力，但同一时刻只能有一个节点向总线上发送报文。每个节点能够识别出发送给它的报文，能对其应该接收的报文作出响应，并忽略其他报文。节点还应该能检测出通信出错，即当没有收到应该接收到的数据，收到了它不理解出错的数据。

第 2 章　数据通信基础知识

2.1　数据通信系统的基本组成

1. 数据通信系统是硬软件的结合体

数据指对数字、字母以及组合意义的一种表达。而工业数据一般指与生产过程密切相关的数值、状态、指令等的表达。例如用数字 1 表示管道阀门的开启，用数字 0 表示阀门的关闭；规定数字 1 表示生产过程处于非正常状态，数字 0 表示生产过程处于正常状态；表示温度、压力、流量、液位等的参数数值都是典型的工业数据。

数据通信是两点或多点之间借助某种传输介质以二进制的形式进行信息交换的过程，它是计算机与通信技术相结合的产物。将数据准确、及时地传送到正确的目的地是数据通信的基本任务。数据通信技术主要涉及通信协议、信号编码、接口、同步、数据交换、安全、通信控制与管理等问题。

在工业数据通信系统中，监控计算机和具有通信能力的现场测量控制仪表是主要的通信设备，是构成控制网络的网络节点。自动化系统正是借助它们之间的数据交换来实现测量、控制、监视、操作等功能。数据通信系统主要负责将数据按编码格式在两点之间准确传输，一般并不对数据内容进行任何操作。

2. 广义通信系统模型

数据通信系统由数据信息的发送设备、接收设备、传输介质、传输报文、通信协议等几部分组成。由香农定义的广义通信系统模型如图 2-1 所示。其中信源为待传送数据的产生者。发送器将信息变换为适合于信道上传输的信号，而接收器的作用则与之相反。信道指发送器与接收器之间用于传输信号的物理介质。经过传输，在接收器处收到的信号在信宿处变换为信息。通过传输过程会受到噪声干扰，而噪声往往会影响接收者正确地接收和理解所接收到的信号。当然，将所接收到的信号还原为原有信息，并为接收者理解，需要一套事先约定的协议。

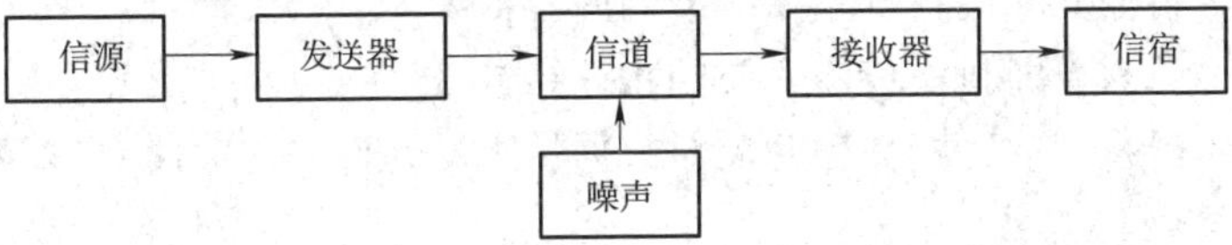

图 2-1　广义通信系统模型

3. 发送与接收设备

发送设备、接收设备和传输介质是通信系统的硬件。其中，发送设备用于匹配信息源和传输介质，即将信息源产生的报文经过编码变换为便于传送的信号形式，送往传送介质；接收设备则需要完成发送设备的反变换，即从带有干扰的信号中正确恢复出原有信号，并进行解码、解密等。

在工业数据通信系统中，发送与接收设备往往都与数据源紧密连接为一个整体，典型的发送与接收设备如下：

(1)各种变送器、传感器。

(2)各种数据采集装置。

(3)可编程逻辑控制器 PLC、PID 控制器等。

(4)作为监视操作设备的监控计算机。

(5)各种调节阀门。

(6)电机控制设备。

(7)变频器。

(8)网络连接设备，如中继器、网关等。

4. 传输介质

传输介质是指从发送设备到接收设备之间信号传递所经过的

媒介，是网络中连接收发双方的物理通路，是通信中实际传送信息的载体，它也是组成通信系统的硬件之一。

工业数据通信系统可以采用无线传输介质，例如电磁波、红外线等，也可以采用双绞线、电缆、电力线、光缆等有效介质。传输介质的特性对网络中的数据通信质量影响很大。

传输介质的特性主要有下列内容：

(1)物理特性：传输介质的物理结构。

(2)传输特性：传输介质对数据传送所允许的传输速率、频率、容量等。

(3)连通特性：点对点或一点对多点的连接方式。

(4)地理范围：传输介质的最大传输距离。

(5)抗干扰性：传输介质防止电磁干扰等噪声对传输数据影响的能力。

(6)性能价格比。

5. 通信软件

报文与通信协议都属于通信系统中的软件，一般把需要传送的信息，包括文本、命令、参数值、图片、声音等称为报文，它们是经过数字化后的信息。这些信息或是原始数据，或是测控参数值，或是经计算机处理后的结果，还可能是某些指令或标志。

各通信实体之间仅仅依靠传送的二进制码就可达到相互理解信息的内容是不可能的，还需要有一套事先规定、共同遵守的规约。通信设备之间控制数据通信与理解通信数据意义的一组规则，称为通信协议。协议规定了通信的内容，通信何时进行以及通信如何进行等内容。协议的关键要素是语法、语义和时序。

(1)语法

这里的语法是指通信中的数据结构、格式及数据表达的顺序。例如一个简单的协议可以定义数据的前 8 位是发送者的地址，接着 8 位是接收者的地址，后面紧跟着的是要传送的指令或数据。

(2)语义

这里的语义是指通信帧的位流中每个部分的确切含义,收发双方是根据语义来理解通信数据的意义。例如该数据表明了现场温度测量值;该点温度是否处于异常状态;该温度测量仪表本身的工作状态是否正常等。

(3)时序

时序包括两方面的特性:一是数据的发送时间,二是数据的发送速率。收发双方往往以某种方式校对时钟周期,并协调数据处理的快慢速度。如果发送方以 100 Mbit/s 的速率发送数据,而接收方仅能处理 1 Mbit/s 速率的数据,则接收方将因负荷过重而导致大量数据丢失。

一个完整的通信协议所包含的内容十分丰富,它规定了用以控制信息通信的各方面规则。在通信设备或产品的形成过程中,还需要有依据通信协议所制定的各项标准或行规,例如国际标准化组织的 ISO 标准、IEC 标准等。

2.2　通信系统的性能指标

通信系统的任务是传递信息,因而信息传输的有效性和可靠性是通信系统最主要的质量指标。有效性是指所传输信息的内容有多少,而可靠性是指接收信息的可靠程度。通信有效性实际上反映了通信系统资源利用率。通信过程中用于传输有用报文的时间比例越高越有效。同样,真正要传输的数据信息位在所传报文中占的比例越高也说明有效性越好。

1. 有效性指标

(1)数据传输速率

数据传输速率是单位时间内传送的数据量,它是衡量数字通信系统有效性的指标之一。当信道一定时,信息传输的速率越高,有效性越好。

1)比特率。比特(bit)是数据传输信号的最小单位。通信系统中的字符或者字节一般由多个二进制位即多个比特来表示,例如一个字节往往是8位或16位。通信系统每秒钟传输的二进制位数被定义为比特率,记作bit/s。

2)波特率。波特(baud)是指信号大小方向变化的一个波形。把每秒传输信号的个数,即每秒传输信号波形的变化次数定义为波特率,单位为波特(baud)。比特率和波特率较容易混淆,但它们是有区别的。每个信号波形可以包含一个或多个二进制位。若单比特信号的传输速率为9 600 bit/s,则其波特率为9 600 baud,它意味着每秒可传输9 600个二进制脉冲,如果信号波形由2个二进制位组成,当传输速率为9 600 bit/s时,则其波特率只有4 800 baud。

在讨论信道特性,特别是传输频带宽度时,通常采用波特率。在涉及系统实际的数据传送能力时,则使用比特率。

(2)频带利用率

频带利用率是指单位频带内的传输速度,它是衡量数据传输系统有效性的重要指标。单位为bit/(s·Hz),即每赫兹带宽所能实现的比特率。由于传输系统的带宽通常不同,因而通信系统的有效性仅仅看比特率是不够的,还要看其占用带宽的大小。

(3)协议效率

协议效率是衡量通信系统软件有效性指标之一。协议效率是指所传送数据包中的有效数据位与整个数据包长度的比值。不同的通信协议通常具有不同的协议效率,协议效率越高,其通信有效性越好。

(4)通信效率

通信效率被定义为数据帧的传输时间同用于发送报文的所有时间之比。其中数据帧的传输时间取决于数据帧的长度、传输的比特率,以及要传输数据的两个节点之间的距离。通信效率为1,就意味着所有时间都有效地用于传输数据帧。通信效率为0,就意味着总线被报文的碰撞、冲突充斥。

2. 可靠性指标

可靠性指标可以用误码率来衡量，它是指二进制码元在数据传输系统中被传错的概率。理解误码率定义时应注意以下几个问题：

1)误码率应该是衡量数据传输系统正常工作状态下传输可靠性的参数。

2)对于一个实际的数据传输系统，不能笼统地说误码率越低越好，要根据实际传输要求提出误码率的要求。在数据传输速率确定后，误码率越低，数据传输系统设备越复杂，造价越高。

3. 通信信道的频率特性

频率特性描述通信信道在不同频率的信号通过以后，其波形发生变化的特性。频率特性分为幅频特性和相频特性。幅频特性指不同频率信号通过信道后，其幅值受到不同衰减的特性；相频特性指不同频率信号通过信道后，其相角发生不同程度改变的特性。因此，通过信道后的波形会产生畸变。如果信号的频率在信道带宽范围内，则传输的信号基本上不失真。否则，信号的失真较严重。

4. 介质带宽

信号所含频率分量的集合称为频谱，频谱所占的频率宽度称为带宽。发送端所发出的数字信号的所有频率分量都必须通过通信介质到达接收端，接收端才能再现该数字信号的精确拷贝，如果其中一部分频率分量在传输过程中被严重衰减，就会导致接收端的信号变形。

2.3　数据通信的实现方式

数据通信的实现方式通常有三种：

(1)通过一些简单的接口把计算机和设备连接起来

计算机一般都配有标准、通用的通信接口，如 RS—232 等，通过这些标准通信接口，再加上合适的通信线，很容易把若干计算机连接起来而实现相互通信。这种方法的优点是实现方式简单，缺点是连接计算机的数目和距离受到限制，一般只适用于简单的通信系统。

(2)通过现场总线把计算机和设备连接起来

现场总线是连接智能现场设备和自动化系统的数字式、双向传输、多分支结构的通信网络。

(3)通过计算机网络把计算机和设备连接起来

这一方式其中包括计算机局域网和公共数据通信网等，它们在通信覆盖范围、可靠性、扩充性以及通信速度方面较前两种方式有很大提高。

数据通信的基本目的是在信源系统与目标系统之间交换信息。数据从信源系统经发送设备变换为在某种介质(即信道)上传送的信号，送到目标系统的接收设备，然后在目标系统中将信号还原为数据。由于实际的信道都有延迟、损耗和干扰，会使传送信息衰减，导致接收信号与发送信号可能不一致，因此需要采用各种数据信号传输技术、数据同步等技术。

2.4 数据传送方式

1. 并行传送、串行传送

计算机之间或计算机与控制设备之间的数据交换可分为并行传送和串行传送两种方式。

并行传送方式是指多位数据同时从一个设备送到另一个设备的数据传送方式，在通信中，通常并行传送数据的位数为 8 位、16 位、32 位或 64 位等。

并行传送的优点是：传输速度快(同时传送多位数据)，数据不需要特别处理就可被接收设备直接使用。缺点是：同时传送多少位就必须有多少条传输线，所以通信成本高，只适用于近距离计算机或设备间的数据通信。

串行传送方式是数据逐位顺序地在设备间传输，这种传输方式只需要少数几根传输线，因而能节省通信传输线，特别是长距离传输时，这个特点更为突出。但是串行通信由于每次由发送地传到目的地的数据只有一位，因此速度比并行通信速度慢。随着通信技术的发展，串行通信速度也在不断提高，因此串行通信被广泛应用于远距离数据通信，是目前通信网络中主要采用的通信方式。

2. 串行数据通信方式

按通信线路上信息传送的方向与时间的关系，串行数据通信分为：单工通信方式、半双工通信方式和全双工通信方式三种，如图 2-2 所示。

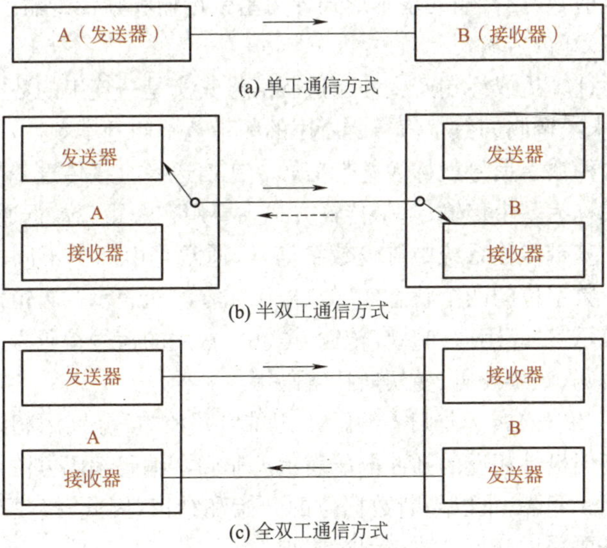

图 2-2　串行数据通信方式

(1)单工通信方式

信息只能沿一个方向传输，而不能作反向传输，如图 2-2(a)所示，数据只能从 A 站传送到 B 站，反之不行。在这种方式中，一方只能发送数据,另一方只能接收数据。由于它的局限性,这种方法一般只在特定场合使用。

(2)半双工通信方式

信息可以在两个方向进行传输,但在同一时刻只能作单向传输,如图 2-2(b)所示。

(3)全双工通信方式

如果信息可以同时沿两个方向传输,则称为全双工通信方式,如图 2-2(c)所示。显然为了实现全双工通信,A 站与 B 站必须具有独立的发送器和接收器,但数据发送与接收的原理是相似的。

3. 数据传输形式

目前,数据传输的基本形式分为基带传输和频带传输。

(1)基带传输

由计算机或终端产生的二进制信号其实是一连串的数字脉冲信号,未经调制的数字信号所占用的频带范围叫基本频带,简称基带。这种数字信号就称为基带信号。在信道中直接传送基带信号的方式称为基带传输,基带传输方式主要用在短距离数据通信中。

在基带传输系统中传输数字信号,通常是由两个不同的电压来表示数字位的两个状态(0 或 1),例如零电压表示"0",恒定的正电压表示"1"。因此在基带传输方式中,常用的信号编码方式有非归零编码、归零编码、曼切斯特编码等。

图 2-3(a)属于非归零编码,二进制"0"和"1"分别用相同宽度和幅度但极性相反的脉冲电压表示。非归零编码编码方法由于码元之间无间隔,难以判断数据位的开始和结束,因此,接收端和发送端需要采用其他方法来保持同步。

图 2-3(b)属于归零编码,它的每一位的中间有一个跳变,位中间的跳变既作为同步时钟,又作为数据;从高到低的跳变表示"1",从低到高的跳变表示"0",接收端利用位中间的跳变很容易分离出同步时钟脉冲。由于这种方法的时钟和数据包含于同一信号

流中，因此该编码方式又称为自同步编码。

图2-3(c)为曼切斯特编码，属于归零码的一种。曼切斯特编码的特点是每一位中间都有跳变，从低电平到高电平的跳变表示"0"，从高电平到低电平的跳变表示"1"，属单极性方式。

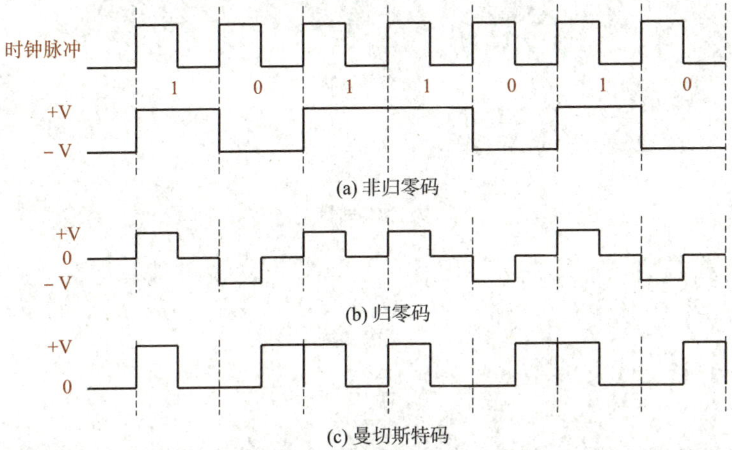

图2-3　基带传输方式中常用信号编码方式

基带传输简单，设备费用较少，传输距离小于10 Mbit/s，通常用于传输数字，传输距离较短。要延长传输距离，需加放大整形电路(中继器)。

(2)频带传输

频带传输就是采用调制和解调技术，用基带脉冲对载波进行调控，在发送端用基带脉冲对载波波形的某些参数(如振幅、频率、相位)进行控制，使其随基带脉冲的变化而变化，当信号到达接收端时在做相应的反变换，以便还原成与发送端相同的基带信号，这种传输方式称为频带传输。主要用在远程数据传输中。载波通常采用正弦波，正弦波有三个能携带信息的参数：振幅、频率和相位。因此，常用的调制方式有：调幅、调频和调相，如图2-4所示。

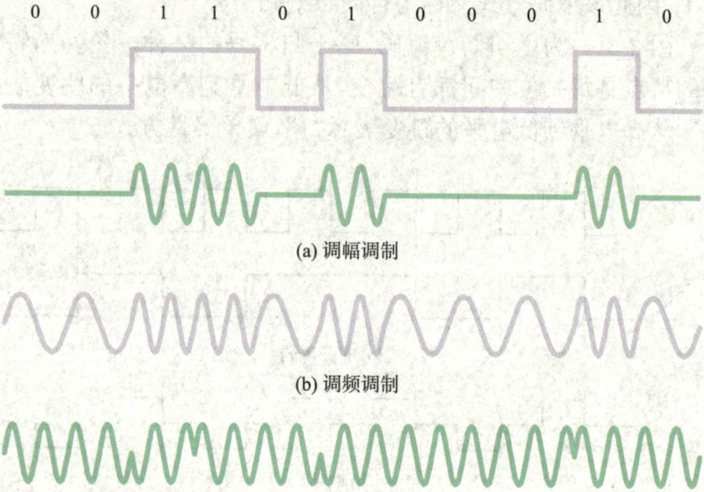

图 2-4 常用调制方式

1)调幅调制是用原始脉冲信号去控制载波振幅的变化，如图2-4(a)所示。利用数字信号“0”或“1”去接通或断开连续的载波，相当于有一个开关控制载波一样，也称为振幅键控。

2)调频调制是用原始脉冲信号去控制载波频率的变化，如图2-4(b)所示。当载波频率为低频时，表示数字信号“1”；当载波频率为高频时，表示数字信号“0”。频率调制也称为频率键控。

3)相位调制是用原始脉冲信号去控制载波的相位变化，如图2-4(c)所示。载波不产生相移代表数字信号“1”，载波有180°相移代表数字信号“0”。相位调制也称为相位键控。

频带传输克服了不能在电话线上直接传送基带信号的弱点，可以充分利用现有大量的模拟通信系统来传输数字信息，而且能够实现多路复用的目的，从而提高了通信线路的利用率。

人们把利用较宽的频带进行传输数据的系统称为宽带传输系统，其速率为0～400 Mbit/s。宽带传输系统允许在同一信道上进行数字信息和模拟信息的传输，这样一个宽带信道可以被划分为多个逻辑通道，把声音、图像和数字信息综合在一个物理信道中进行传输。

2.5　同步技术

在数据通信系统中，各种处理工作总是在一定的时序脉冲控制下进行的，而通信系统的收发端工作的协调一致性是实现信息传输的关键，这就是数据通信系统中的传输同步问题。

串行数据传输中的二进制代码在一条总线上以数据位为单位按时间顺序逐位传送，接收端按顺序逐位接收，接收端必须能正确地按位区分才能正确恢复所传输的数据。串行通信中的发送者和接收者都需要使用时钟信号，通过时钟决定什么时候发送和读取每一位数据。同步传输和异步传输是串行通信中使用时钟信号的不同方式。

在同步传输中，所有设备都使用一个共同的时钟，这个时钟可以是由参与通信的那些设备或器件中的一台产生的，也可以是外部时钟信号源提供的。所有传输的数据位都和这个时钟信号同步，即传输的每个数据位只在时钟信号跳变（上升或下降）一个规定的时间内有效。接收方利用时钟跳变来决定什么时候读取一个输入的数据位。如果发送者在时钟信号的下降沿发送数据字节，则接收者在时钟信号中间的上升沿接收并锁存数据，也可以利用所检测的逻辑电平或者低电平来锁存数据。

同步传输可用于一个单块电路板元件之间的数据传送，或者用于连接在30～40 cm甚至更短的电缆数据通信。由于同步方式比下面的异步式传输效率高，适合高速传输的要求，因而在高速数据传输系统中具有一定的优势。对于更长距离的数据通信，同步传输的代价较高，因为它需要一条额外的线来传输时钟信号，并且容易受到噪声的干扰。

在异步传输中，每个通信节点都有自己的时钟信号，每个通信节点必须在时钟频率上保持一致，并且所有的时钟必须在一定的误差范围内相吻合。当传输一个字节时，通常会包括一个起始位来同步时钟。

异步又称起止同步，这是计算机中常用的同步方式。在异步方式中，并不要求在传送信号的每一数据位时收发两端都同步。例如在单个字符的异步传输方式中，在传输字符前设置一个启动用的起始位，预告字符的信息代码即将开始；在信息代码和校验结束后，也设置 1 个或多个终止位，表示该字符已结束。在起始位和终止位之间，形成一个需传送的字符。起始位对该字符内的各数据位起同步作用。

异步方式实现起来简单容易，对线路和收发器要求较低，但在异步方式传输中，往往因同步的需要，要另外传输一个或多个同步字符或帧头，因而会增加网络开销，使线路效率受到一定影响。

按传输数据的基本组成单位，将同步分为位同步、字符同步和帧同步。

1. 位同步

数据通信系统中最基本的、必不可少的同步是收发两端的时钟同步，也就是位同步，它是所有同步的基础。位同步要求每个数据位必须在收发两端保持同步。接收端可以从接收信号中提取位同步信号，因为在接收信号码元 1 和 0 的极性变化中，往往就包含了同步信息。

2. 字符同步

在电报传输、计算机与其外部设备之间的通信中，通常以字符作为一个独立的整体进行发送，因而需要按字符同步。字符同步将字符组织成组后连续发送，每个字符内不加附加位，每组字符之前必须加上一个或多个同步字符。接收端接收同步字符，并根据它来确定字符的起始位置。

3. 帧同步

数据帧是一种按事先约定将数据信息组织成组的形式。图 2-5 为通信数据帧的一般结构形式。它的第一部分是用于实现收发双方同步的一个独特的字符段或数据位的组合，称之为起始标志或帧头，其作用与前面提到的起始位相同，用于通知接收方有一个通信帧已经到达；中间是通信控制域、数据域和校验域；帧的最后一部分是帧结束标记，它和起始标志一样是一个独特的位串组合，用于标志该帧传输结束，表示没有别的数据位要传输了。

帧头 （起始标志）	控制域	数据域	校验域	帧尾 （结束标志）

图 2-5　通信数据帧的一般结构形式

在工业数据通信中常用的同步方式有位同步和帧同步。

2.6　差错控制

在计算机通信中，为了提高通信系统的传输质量而提出的有效地检测错误、并进行纠正的方法称为差错控制。差错控制的主要目的是减少通信中的传输错误。目前还不可能做到检测和校正所有错误。差错检测是让报文分组中包含使接收端发现差错的冗余信息，但它不能确定是哪一位出错，自己也不能纠正传输中的差错。而差错纠正是让每个传输的报文分组中带有足够的冗余信息，以便接收端能发现并自动纠正错误。差错纠正在功能上优于差错检测，但实现复杂，造价高。差错检测原理简单，实现容易，编码与解码速度快，目前正得到广泛应用。

1. 差错的检测方法

差错检测就是监视接收到的数据并判别是否发生了传输错误。差错检测并不识别哪位出现了错误，仅仅能识别出错误的出现。差错检测常用的方法如下：

(1)奇偶校验:在奇偶校验中,一个单一的位(奇偶校验位)被加在每个字符上,以使得一个字符中 1 的总数要么是奇数(奇校验),要么是偶数(偶校验)。奇偶校验有可能漏掉大量的错误,但应用起来非常简单。

(2)求校验和:在发送端和接收端都对传输的数据进行求和操作,在发送端将校验和附加在数据信息之后。如果接收端得校验和与发送端得校验和不同,就表明发生了错误。该校验方法能检测出 95%的错误,但与奇偶校验方法相比,增加了计算量。

2. 差错的纠正方法

差错纠正的两种最常用的方法如下:

(1)重新传输:当检测到一个错误时,接收端自动地请求重新传输这条信息。该方法技术简单,但可能会因确认和重发造成通信故障。

(2)前向差错纠正:该技术在接收端检测和纠正错误,而不需要请求重新发送。利用该技术将一些位加入到通信序列中,这些额外的位按照某种方式进行编码,这种方法允许对每条信息检测到一定数量的错误并进行纠正。该方法因增加这些位而增加了通信开支,同时也增加了计算量。

3. CRC 校验码的工作原理

CRC(Cyclic Redundancy Code)检错方法是将要发送的数据位序列当作一个多项式 $f(x)$的系数,在发送方用收发双方预先约定的生成多项式 $G(x)$去除,求得一个余数多项式。将余数多项式加到数据多项式之后发送到接收端。接收端用同样的生成多项式 $G(x)$去除接收数据多项式 $f'(x)$,得到计算余数多项式。如果计算余数多项式跟接收余数多项式相同,表示传输无差错;如果计算余数多项式不等于接收余数多项式相同,表示传输有差错,由发送方重发数据,直到正确为止。该方法检错能力强,实现容易,是目前应用最广泛的检错码编码方法之一,其工作原理如图 2-6 所示。

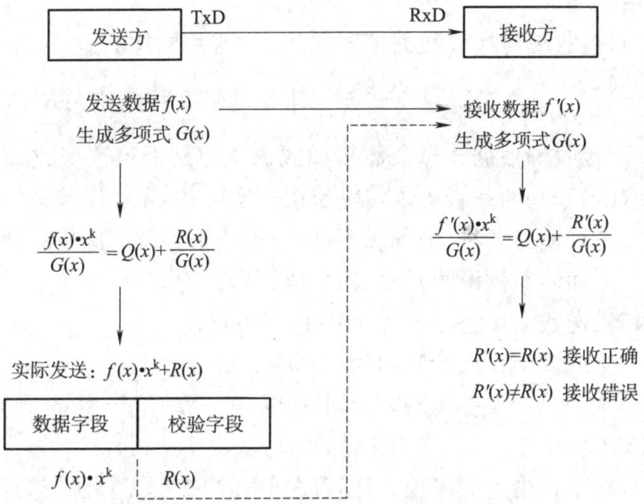

图 2-6　CRC 校验码的工作原理

CRC 的生成多项式 $G(x)$ 由协议规定，目前已有多种多项式列入国际标准。例如：

CRC-12　$G(x)=x^{12}+x^{11}+x^3+x^2+x+1$

CRC-16　$G(x)=x^{16}+x^{15}+x^2+x+1$

生成多项式 $G(x)$ 的结构及检错效果是要经过严格的数据分析和试验后确定的。

CRC 校验码的工作过程可以描述如下：

(1)在发送端，将发送数据多项式 $f(x)\cdot x^k$，其中 k 为生成多项式的最高幂值，例如 CRC-12 的最高幂值为 12，则发送 $f(x)\cdot x^{12}$。对于二进制乘法来说，$f(x)\cdot x^{12}$ 的意义是将发送数据位序列左移 12 位，用来存入余数。

(2)将 $f(x)\cdot x^k$ 除以生成多项式 $G(x)$，得

$$\frac{f(x)\cdot x^k}{G(x)}=Q(x)+\frac{R(x)}{G(x)}$$ 其中 $R(x)$ 为余数多项式。

(3)将 $f(x)\cdot x^k+R(x)$ 作为整体从发送端通过通信信道传

送到接收端。

(4)接收端对接收数据多项式 $f'(x)$ 采用同样的运算，即

$$\frac{f'(x)\cdot x^{k}}{G(x)}=Q(x)+\frac{R'(x)}{G(x)}$$ 求得计算余数多项式 $R'(x)$。

(5)接收端根据计算余数多项式 $R'(x)$ 是否等于接收余数多项式 $R(x)$ 来判断是否出现传输错误。实际的 CRC 校验码生成是采用二进制模二算法，即减法不借位，加法不进位。这是一种异或操作。下面的实例说明 CRC 的生成过程：

1)发送数据比特序列为 110011(6 bit)。

2)生成多项式比特序列为 11001(5 bit, k=4)。

3)将发送数据比特序列乘以 2^4，那么产生的乘积应为 1100110000。

4)将乘积用生成多项式比特序列去除，按模二算法应为：

```
           100001        Q(x)
11001 ) 1100110000       f(x)·x^k
        11001
        ----------
             10000
             11001
        ----------
              1001       R(x)
```

求得余数比特序列为 1001。

5)将余数比特序列加到乘积中得：1100111001。

6)如果在数据传输过程中没有发生传输错误，那么接收端接收到的带有 CRC 校验码的接收数据比特序列一定能被相同的生成多项式整除，即

```
           100001
11001 ) 1100111001
        ----------
             11001
             11001
        ----------
                 0
```

在实际网络应用中，CRC 校验码的生成与校验过程可以用软件或硬件方法实现。目前很多通信用超大规模集成电路芯片内部就可以非常方便地实现标准 CRC 校验码的生成与校验功能。

第 3 章　网络通信基础

将分布在不同地理位置上的具有独立工作能力的计算机、终端及其附属设备用通信设备和通信线路连接起来，并配置网络软件，以实现信息传递和计算机资源共享的系统，称为数据通信网络。网络中的每台计算机称为一个节点。

3.1　通信网络的功能

通信网络的功能主要表现在以下几个方面：

(1)数据传送

数据传送是通信网络的最基本功能之一，用以实现计算机与终端或计算机之间传送各种信息。利用这一功能，地理位置分散的生产单位、部门通过网络连接起来，进行集中的控制和管理。

(2)资源共享

利用计算机系统的软硬件资源是组建通信网络的主要目标之一。计算机系统的许多资源是十分昂贵的，如大的计算机中心、应用软件、大容量磁盘等。组建计算机网络后，网络中的用户就可以共享分散在不同地点的各种软硬件资源，为用户提供了极大的方便。

(3)提供计算机的可靠性和可用性

提高可靠性表现在计算机网络中的计算机可以通过网络彼此为后备机，一旦某台计算机出现故障，故障机的任务就可以由其他计算机代为处理，避免了由于某台计算机出现故障而导致系统瘫痪的现象，大大提高了可靠性。提高计算机的可用性是指当网络中某台计算机负担过重时，可通过网络将一部分任务交给网中较空闲的计算机完成，这样就能均衡整个系统的负担，提高了每台计算机的可用性。

3.2　网络拓扑结构

就通信网络而言，所谓“拓扑结构”是指网络的节点和站实现线连的方式，局域网常见的拓扑结构有星形、环形和总线型等。

1. 星形结构

如图3-1所示，星形拓扑是一种以中央节点为中心，把若干外围节点连接起来的辐射式互连结构。中央节点作为控制全网工作的开关，通过单独的线路分别与外围节点连接，网络上节点信息的交换都要通过中央节点。

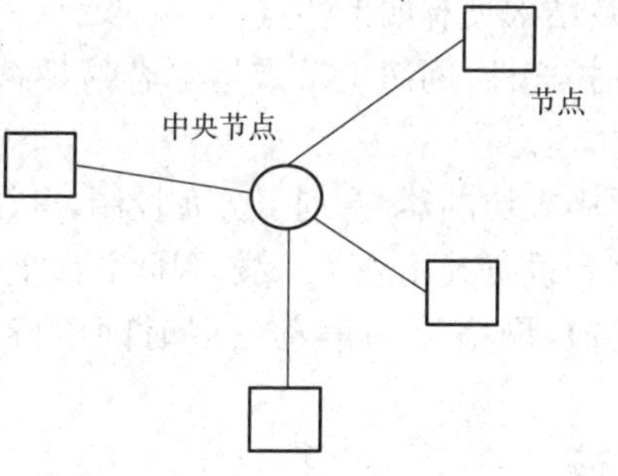

图3-1　星形拓扑结构

星形结构具有如下特点：

(1)结构简单，便于管理。

(2)控制简单，建网容易，通信功能简单。

(3)网络延时时间短，传输误差率较低。

这种结构中，中央节点是系统可靠工作的关键，中央节点若产生故障，将导致整个系统崩溃。

2. 总线型结构

总线型网络是一种通信信道共享式的结构，网络上所有节点通过硬件接口直接连接到一条线状传输介质（即总线）上，如图 3-2 所示。网上任何一个节点发送的信息都在介质上传播，并能被所有其他的节点接收。由于所有节点共享一条传输线路，所以在某一时刻只能有一个节点发送信息，因此对传输介质的访问要规定某种访问控制协议。

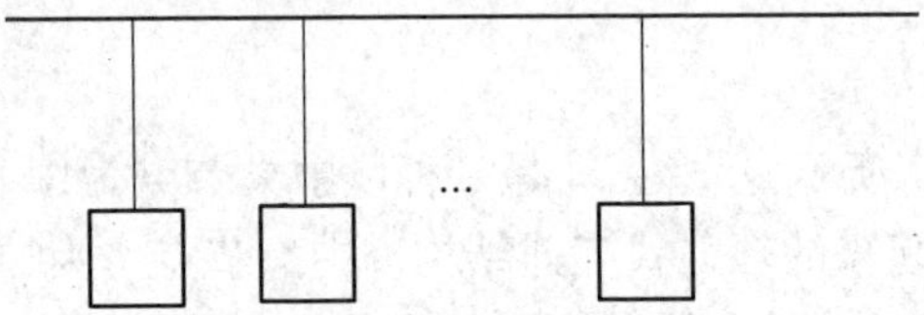

图 3-2　总线型拓扑结构

总线型网络结构具有如下特点：

(1)较好的扩充性，网络上节点增删容易，网络大小可通过转接部件延伸和扩展。

(2)不需要中央控制器，有利于分布控制，可靠性高。

(3)由于多台设备共用一条总线，因此总线上传送的信息容易发生冲突和碰撞，网络上的信息延迟时间不确定，不利于实时通信。

3. 环形结构

网络节点被连接成闭合的环路，称为环形结构，如图 3-3 所示。在这种结构中，线路上的信息是按点对点方式传输，即由一个节点发出的信息只传送到下一个节点，若该节点不是信息的接收站就把信息传到下一节点，重复进行过程直至信息到达目的节点为止。

环形结构具有以下特点：

(1)在环路上，每个节点都可以获得网络的控制权。

(2)不需要进行路径选择，控制比较简单，即在环形结构中，信息从源地址到目的地的路径只有一条。

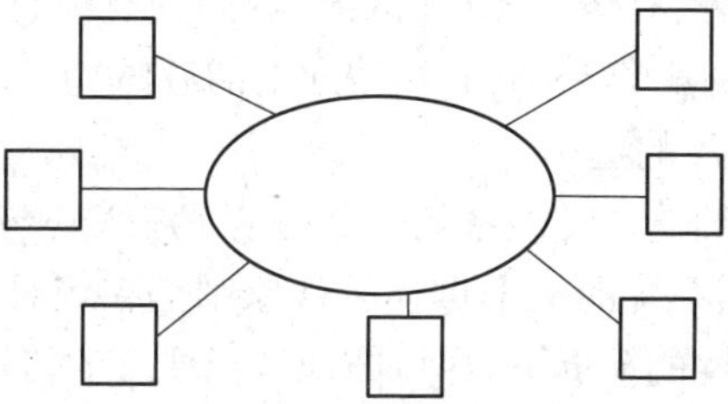

图 3-3　环形拓扑结构

(3)传输信息的延迟时间固定,有利于实时控制。

环形网络的突出问题是如果环路中断,整个系统将不能工作,因此可靠性问题是使用这种结构要解决的主要问题。

4. 复合型结构

在实际应用中,有时可能将多种拓扑结构局域网连接在一起而组成复合型的拓扑结构。图 3-4 表示环形与总线型组合成的复合型结构。

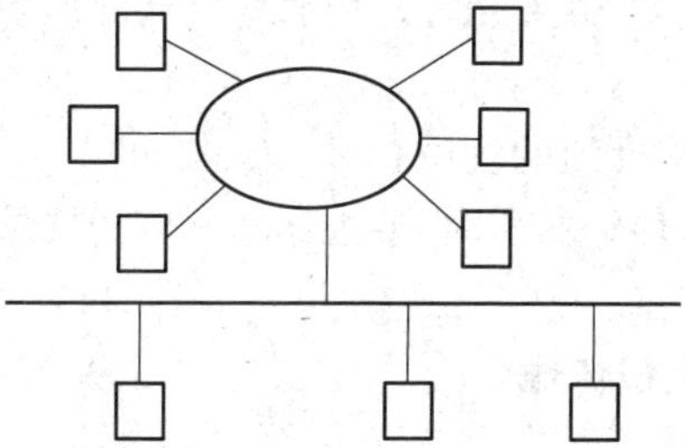

图 3-4　复合型拓扑结构

3.3　传输介质

传输介质又称传输媒质、传输媒体,是通信系统中接收方与发送方之间的物理通道,起着设备互连和传播信息的作用。传输介质可分为两大类:有线介质(如双绞线、同轴电缆、光纤等)和无线介质(如卫星通信、红外通信、微波通信的载体)。

1. 传输介质的选择

传输介质的选择是关系到一个通信系统成功与否的一个关键因素,因此通信系统的一个重要设计原则是在满足系统要求的传输速率和可靠性的前提下,尽可能地选择便宜的传输介质,考虑的因素主要有:

(1)通信带宽:传输介质的带宽决定了该介质能传输信息的最高速率。

(2)传输距离:指在保证通信质量的前提下,节点之间的最大距离和网络的覆盖范围。

(3)拓扑结构:传输介质与拓扑结构密切相关,如光纤衔接困难就不适合于总线型结构。

(4)抗干扰能力:当在传输介质中传输信息时,最好不受各种外干扰源的影响,但完全不受影响实际是不可能的,只不过是有些传输介质不易受影响(如光纤),而有些传输介质容易受影响(如双绞线)。

(5)购买传输介质的费用。

因此在选择传输介质时,要根据实际应用要求及应用环境,综合考虑上述各因素。

2. 常用的有线传输介质

(1)双绞线

双绞线是一种常用的传输介质,它由两根绝缘金属导线按一定的规则绞在一起构成,一根作为信号线而另一根作地线,两根线扭绞在一起可以大大减少外部电磁干扰对传输信号的影响。如果把一对或多对双绞线放入一条导管中,封在屏蔽护套内便构成双绞线电缆,如图 3-5 所示。

双绞线既可用于模拟信号传输又可传输数字信号。对于模拟信号,约 5~6 km 要一个放大器,对于传输数字信号每 2~3 km

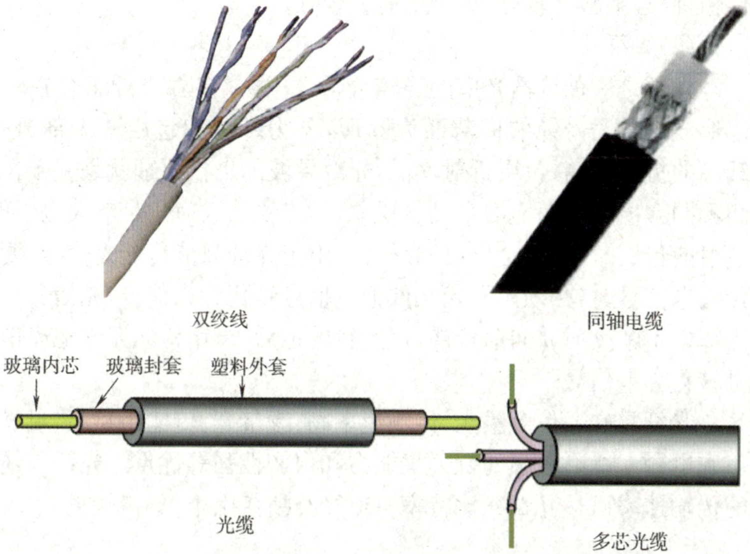

图 3-5　常用的有线传输介质

需要一个中继器，与光纤等其他介质相比，双绞线在传输距离、信道带宽和传输速率等方面均受一定限制，抗高频干扰能力较弱，但价格低廉。双绞线适合于点对点的通信，不宜直接作为分支传输。

(2)同轴电缆

同轴电缆由内外两个导体组成，内导体（中心导体）是一根芯线，外导体是以内导体为轴的金属丝组成的圆柱编织面，又称为外屏蔽导体。内外导体之间用电介质绝缘物隔开，最外层是起保护作用的外绝缘层，如图 3-5 所示。

同轴电缆可分为基带数字信号传输和基带同轴电缆（如 50 Ω 同轴电缆），以及用于宽带传输的宽带同轴电缆（如有线电视 CATV 系统标准的 75 Ω 同轴电缆）。基带同轴电缆既可传输数字信号，还可传模拟信号，当用于数字信号传输时速度可比基带电缆高得多。同轴电缆的频率特性比双绞线好，能进行较高速度的传输，而且屏蔽性较好，抗干扰能力较强。

(3)光纤

光纤是一种传输光束的通信介质，一根或多根光纤组合在一起形成光缆。光缆的横截面为圆形，分为纤芯和包层两个部分。纤芯的折射率高，包层折射率低，光纤导波的工作原理就是基于在两不同介质交界面上的全发射现象，当光线的入射角足够大，从纤芯射向包层时，光线会反射回纤芯。由于光纤只能传输光信号，要传输电信号时，必须用发光元件把电信号转化为光信号，光信号在光缆中不断反射并向前传播，达到目的地后，再用检光元件把光信号转化为电信号。

光纤具有通信容量大、传输速率高、频带宽、传输距离长、对噪声和电磁干扰有较强的抗干扰能力和保密性强等优点。光纤电缆的传输速率可达几百兆比特率。但光纤衔接困难，价格较贵。

3.4 访问控制技术

通信网络上各节点之间传递信息的过程是：首先源站将信息送上网络，然后目的站取走信息。由于各节点通过公共传输信道传输信息，因此任何一个时刻只能为一个节点服务，这就产生了如何合理使用信道、合理分配信道的问题，也就是各节点既要充分利用信道的空间传送信息，又不至于发生各信息间的相互冲突，这涉及网络的信息访问控制技术（或称为介质访问控制技术），即如何合理地解决信道的分配。

信息访问控制的方法很多，常用的有：查询、令牌环、令牌总线、CSMA/CD、信息槽等，而且它们与网络拓扑结构密切相关。下面主要介绍前四种方法。

1. 查询

通信网中存在一个主节点，主节点控制从节点对介质的访问。如星形网中的中央节点或总线网上的主节点，依次询问其他节点是否要通信,查询时先给各节点发送一个询问信息,收到应答后再控制各节点的通信。如果同时有多个节点要发送信息,主节点或中央节点可根据节点优先级高低安排发送次序。

这种方式的优点是硬件设备简单,缺点是主节点的任何失效将导致整个系统的瘫痪。

2. 令牌环

令牌环的全称是令牌通行环(Token Passing Ring),这种访问控制方法只适用于环形网网络。在该方式中令牌是控制网络的标志,网中只设一张令牌,只有获得令牌的节点才能发送信息,发送完后令牌再传送给相邻的另一个节点。令牌传递的方法是:令牌依次沿着环形网中的每个节点传送,使每个节点都有平等发送信息包的机会。令牌有"空""忙"两个状态,"空"表示令牌没有被占用,即网中没有信息在传输;"忙"表示令牌已被占用,即令牌正在携带信息在网中传输。当"空"令牌传送到正待发送信息的节点时,该节点立即将令牌置为"忙"状态,并将待发的信息置入令牌。在一个节点占用令牌的期间,其他节点只能处于接收状态,当令牌环绕一周,回到发送信息的节点时,说明传送的信息已被其接收节点取走,由发送节点将令牌置为"空",送上环形网,以便其他节点使用。

令牌环的优点是能够提供优先级服务,有较强的实时性。缺点是需要对令牌进行维护,控制电路复杂,且空闲令牌的丢失将降低环路的利用率。

3. 令牌总线

令牌总线控制技术适用于总线型网络。总线上所有节点形成一个逻辑环,即人为地给各节点规定一个顺序(例如,可按各节点号的大小排列),每个节点都记下其前导节点和后继节点,而且总线上节点的逻辑次序与物理位置无关。令牌总线工作原理与令牌环境相似。

4. CSMA/CD

它是 Carrier Sensing Multi Access/Collision Detect 的简称,

含义为载波侦听多路访问/冲突检测。

载波侦听多路访问是指多个网络节点共同使用一条线路，任何节点发送信息前都必须先检查网络线路是否有信息传输。接在总线上的各节点共享一条广播式通信线，每个节点都是平等的，并为其他节点接收。当某个节点识别总线上信息的接收节点名与本节点名相符时，便将信息接受下来。由于没有专门的控制节点，多个节点可能同时企图发送信息，此时就会发生"冲突"，导致一些节点发送失败。因此要采用一定的措施来防止冲突。基本原理是：当一节点要发送信息时，先要侦听总线是否空闲，若闲，则将信息发送到总线上；否则等待一段时间，再侦听，直至总线空闲为止。

CSMA/CD方式比较简单，技术上容易实现。网络中的节点处于同等地位，无需集中控制，但不能提供优先级控制，所有节点都有平等竞争的权力，在网络负载不重的情况下有较高额效率，但当网络负载增大时，发送信息的等待时间加长，效率显著降低。

3.5 网络性能要求

网络的性能是指网络在使用中表现出的功能特性和所能达到的技术指标，反映出它的利用情况和对用户要求的满足情况，这也是用户在设计和使用通信网络时必须考虑的问题。衡量一个网络性能，主要考虑下述几方面因素。

1. 传输速率 R

传输速率是指数据在网络上传输的速率。数据传送的速率被定义为：单位时间内传送数据的位数，用"bit/s"(或波特)来表示。它是衡量通信快慢的一项重要指标。当然速率较高的网络性能比速率较低的网络性能好。影响网络速率的因素有：

(1)物理介质的性能。它是影响速率的物质条件，好的介质可以提高数据的传输速率，如同轴电缆以及光纤等。但它不是影响和决定网络数据速率的唯一因素。

(2)接口技术。网络适配器硬件接口技术水平,决定了网络能否充分利用介质提供的传输性能。接口技术与介质性能密切配合,才能实现和达到所要求的数据速率。

(3)通信控制软件及协议。这一因素对网络的数据速率的影响有着很重要的作用。这是因为物理介质仅能向用户提供一种物理支持,但它决定不了用户如何访问、控制与使用介质。通信控制软件在控制通信的过程中,要占用很多的时间资源,而通信协议则要解决物理上多个工作站如何共同使用网络问题,即互相之间的协调问题。通信协议的效率在很大程度上影响着用户是否能充分利用介质提供的速率进行通信。

2. 传输误码率

传输误码率是衡量通信系统可靠性的一项主要技术指标。误码率是指数据的编码在系统中传送出错的概率。误码率定义为:接收端错误接收的数据量与发送端发送的数据量之比。显然,通信系统的误码率越低越好。

3. 传输延迟 D

它是衡量一帧信息传输过程所表现出来的时间特性,是指一帧信息准备就绪以后,通过协议与控制成功地完成传输所占用的时间,是向用户提供的网络响应特性。它受通信介质的传输速率影响,但更主要的是受通信协议及控制软件的影响。例如,信息虽就绪,但由于网络上的冲突太多而发不出去,则成功地传输所需要的时间越长。当然数据传输延迟越短越好。

4. 网络的利用率

网络的利用率,或称为网络的效率,反映了网络所能提供的能力被有效利用的情况。如果一个网络将很大部分时间用在传输信息的辅助操作方面,如去分析介质给哪个节点使用,去解决冲突与通信的建立问题,则用于有效信息传输时间比例就少,网络的利用率就低。

5. 网络的负载能力

网络的负载能力是指网络上能连接的工作站节点的数目。所能连接的工作站数目多,则负载能力越强,使用范围越广,这是用户所希望的。网络的负载能力对网络其他方面的性能影响很大,这是因为网络上的用户越多,网络通信协议需要处理的内容越复杂,也势必会影响网络的性能与效率。

6. 故障诊断与恢复时间

各种故障的出现会影响网络的正常运行。一般网络都配置有故障诊断和故障排除、恢复正常工作能力的设备。网络能否尽快从故障中恢复,也是衡量网络性能的一个因素。

3.6 网络协议与互连

3.6.1 OSI/ISO 参考模型结构

在通信网络中,对所有的节点来说,它们都要共享网络中的资源或相互之间要进行信息交换,但由于连接到网上的计算机或设备可能出自不同的生产厂家,型号也不尽相同,再加上软硬件的差异,这些都给节点之间的通信带来了困难。因此通信网络中所有"成员"必须遵循某种相互都能接受的一组规则,以便实现彼此的通信和资源共享。这些规则的集合称为网络协议。

为了使网络系统标准化,国际标准化组织(ISO)定义了异种机连网的标准框架结构——开放式系统互连 OSI(Open System Interconnection)协议层次模型。"开放"的含义是任何两个遵循 OSI 协议的系统可以进行互连。OSI 模型的目标是:为两个系统之间的通信提供标准,消除两个系统之间通信的技术故障,使各种产品之间不必经过昂贵的转换就能进行通信。

OSI 参考模型包括七层功能及其对应的协议,从下而上依次为物理层、数据链路层、网络层、传输层、会话层、表示层和应用层,如图 3-6 所示。每层协议完成一个明确定义的功能集合,并按协议相互通信,每层向其上层提供所需的服务,在完成本层协议时使用下层提供的服务,各层的功能是相对独立的,层间的相互作用通过层接口实现。只要保证层接口不变,那么任何一层实现技术的变更均不影响其余各层。

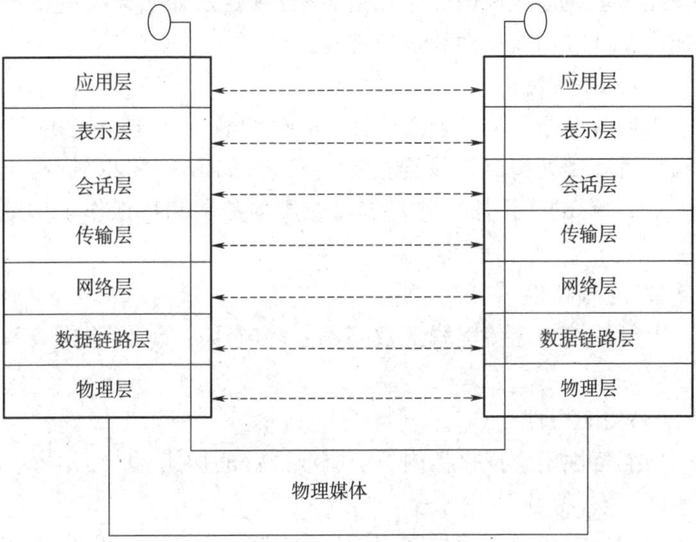

图 3-6　OSI 参考模型

OSI 参考模型分层是为了控制协议的复杂度,它的分层原则是:

(1)每层的功能是明确的,且相互独立。当某一层具体实现方法更新时,只要保持与上、下层的接口不变,那么就不会对邻层产生影响。

(2)层间的接口必须清晰,接口之间传递的信息量越少越好。

(3)层数适中,若层数太少,则层间功能的划分会不明确,多种功能混杂在一层中,造成每一层的协议太复杂;若体系过于复杂,各层组装时的任务会变得困难。

3.6.2　OSI/ISO 参考模型各层协议

1. 物理层

物理层的任务是实现通信网络上各设备间(如计算机、终端、通信控制器等)的物理连接,按位传输数据流,将数据信息从一个设备经物理通道送往另一个设备,并且规定了通信设备的机械特性、电气特性、功能特性和过程特性。

(1)机械特性

机械特性主要涉及连接器(或插座)的规格,如连接器的尺寸、引脚数目和排列情况以及连接器的安装(如 RS—232C 标准定义了一个 25 针的连接器),并对传输介质的参数和特性作了详细的规定。

(2)电气特性

电气特性规定传输线上数字信号的电压高低、传输距离和传送速率等。

(3)功能特性

功能特性定义连接器内各引脚或插针的功能。

(4)过程特性

过程特性规定了信号之间的时序关系,以便正确地发送和接收数据。

物理层的接口标准有 RS—232C、RS—422/423 等。

2. 数据链路层

数据链路层的主要功能是在物理层提供的比特流访问的基础上,用以建立相邻节点之间的数据链路,通过校验、确认和反馈重发等重要手段对高层协议屏蔽传输介质的物理特性,保证两个邻接节点间的无差错数据传输,为上层提供无差错的信道服务。具体的工作是:接收来自上层的数据,给它加上某种差错校验位(因为物理信道有噪声)、数据链路协议控制信息和头、尾分界标志,变成帧(数据链路层协议数据单位),从物理信道发送出去;同时处理接收端的回答，重传出错和丢失的数据帧，保证按发送次序把数据帧正确地交给对方。

数据链路层又分为逻辑链路控制层(LLC)和介质访问控制层(MAC)两层。在MAC层通常使用CSMA/CD、令牌总线(Token Bus)、令牌环(Token Ring)等介质访问控制方法中的一个。

3. 网络层

网络层是OSI参考模型的第三层，介于传输层和数据链路层之间，它在数据链路层提供的两个相邻节点之间传输数据帧的功能的基础上，将源节点发出的数据分组送到目的节点，而从源节点到目的节点可能要经过若干网络中间节点，从而网络层要向传输层提供最基本的端到端的数据传输服务，包括可靠(虚电路)和不完全可靠(数据报)等两种信息包传输业务。

网络层的主要功能包括：寻址和路由选择、流量控制、传输确认、差错控制及故障恢复等。它提供的服务主要有：

(1)网络地址：是网络层识别传输实体的标志，也是传输实体间相互识别的标志。网络地址由网络层提供，它与网络层以下各层寻址无关。

(2)网络连接：提供由网络地址标识的两个传输实体间的数据传输。网络层要为建立、维护和释放网络连接提供方法。

(3)网络服务数据单元的传输：网络服务数据单元在网络连接上的传输由网络层提供保证。它的长度不受限制，有开始和结束标志，其内容在传输期间保持完整性。通常称该单元为信息包或报文组。

(4)其他服务：如服务质量参数、差错报告、有序传输等。

4. 传输层

该层又称为端到端协议。在网内两个实体间建立端到端通信信道，用以传输信息或报文，为会话层提供可靠、透明的传输服务，在不同的节点间提供可靠的、透明的数据传送，进行点到点错误恢复和流控制。

5. 会话层

会话层的主要作用是提供一种有效的手段来协调、同步表示层内实体组织之间的对话，为管理它们的数据交换提供必要的手段，也就是说负责应用进程之间建立、组织和同步对话。

6. 表示层

网络各系统传送信息的表示方法随系统而异，表示层负责信息表示方法的转换，通过一个具体的语言学方法描述，给应用实体提供服务，也就是为信息传递提供表示方法，如代码转换、字符集转换和数据排列方法转换等。

表示层向应用层提供的服务有：字符代码转换；把应用层输入的各种字符变换称相应的代码，以便在计算机中使用；数据格式化；将输入数据按一定的格式进行组织和变换、语法选择和解释。

7. 应用层

为应用程序提供访问 OSI 环境的服务，例如通信服务、虚拟终端服务、网络文件传送、网络设备管理等。

OSI 模型的吸引力在于它可解决异种网络操作系统的计算机之间的通信问题，不管两个系统差异多大，只要它们具有下述公共特性就能有效地通信。

(1)它们实现相同的异种通信功能。

(2)这些功能按相同一组层次来组织，同等层次必须提供相同的功能，但它们不必有相同的方法来提供这些功能。

(3)同等层必须使用共同的协议。

OSI 层次模型不是标准，它仅仅为标准提供了一种总体框架，供各种标准选择。

3.6.3 数据通信网络互连设备

数据通信网络互连技术是计算机网络发展到一定阶段的必然产物，各种不同的网络产品的出现势必产生一种要求，即如何把它们连接起来，组成更大范围的网络，以达到相互共享资源的目的。

同时，即使对同一类型的网络，为了克服地域上的限制或者达到某种功能，也需将它们相互连接起来。

网络互连是指采用网络互连设备将同一类型的网络或不同类型的网络及其产品相互连接起来组成地理覆盖范围更大、功能更强的网络。网络互连有如下要求：

(1)在网络之间通过一条链路，至少需要一条物理和链路控制的通道。

(2)为不同网络的计算机间的通信提供路径选择和传递数据。

网络互连可以提高系统的可靠性，改进系统的性能，增加系统的安全性，扩大网络地理覆盖范围，可增加网内的节点数，并增加网上共享资源。

网络互连设备主要指那些具有协议转换和地址映射功能的设备，常用的设备有中继器、路由器、网关等。从网络的协议层次看，这些互连设备将网络互连分成了三个层次：使用中继器在不同的电缆段之间复制信号；使用路由器在不同的网络之间存储转发数据分组；使用网关实现不同网络下不同协议的转换。

1. 中继器(repeater)

中继器是网络物理层的一种介质连接设备，是延长网络距离最简单、最廉价的互连设备。由于信号在网络传输介质中有衰减和噪声，使有用的数据信号变得越来越弱，为了保证有用数据的完整性，并在一定范围内传送，要用中继器把所接收到的弱信号提出，再生放大以保持与原信号相同，因此中继器只能连接使用相同的介质访问控制方法和相同数据传输速率的局域网中。中继器在执行信号放大功能时不需要任何智能和算法，只是将来自一侧的信号转发到另一侧(当为双口中继器时)，或将来自一侧的信号转发到多个口。

通过中继器连接的网络实际上是逻辑上同一个回路。

2. 路由器(router)

路由器属于OSI网络层的一种互连设备，对应于网络层进行数据分组转发,用路由器连接的网络可以使用在数据链路层和物理层互不相同的协议。路由器工作在网络层,它提供的服务比较完善,功能相对也比较复杂。

路由器用于连接多个逻辑上分开的网络,逻辑网络是指一个单独的网络或一个子网。当数据从一个子网传输到另一个子网时,可通过路由器完成,路由器提供了多个网络和介质之间互连的能力,因此,路由器具有判断网络地址和选择路径的功能,它能在多网络互连环境中建立灵活的连接,可根据传输费用、转换延时、网络拥塞和目的节点间的距离来选择最佳路径。

路由器了解整个网络、了解互连网络的拓扑、了解网络的状态,因而可选择和使用最有效的路径发送数据。

路由器的工作是进行数据在网络中寻址、路由选择、数据编排格式的重新组装,但路由器要求所连接的网络的高层协议(网络层之上的协议相同)。

3. 网关(gateway)

网关又称为网间连接器,要使不同类型(异种网络操作系统)的网络连接到一起,一般要使用网关,它工作在 OSI 模型的高层(网络层以上各层),不仅具有路由器的全部功能,而且能在网络之间进行不同类型的协议的转换。网关为网络互连双方的高层提供协议转换服务。图 3-7 是两种异种网络 TCP/IP 网与 IPX/SPX 网、TCP/IP 网与 X. 25 网进行互连的实例。异种网之间由于网络操作系统的不同必须采用网关进行协议转换,才能相互通信。

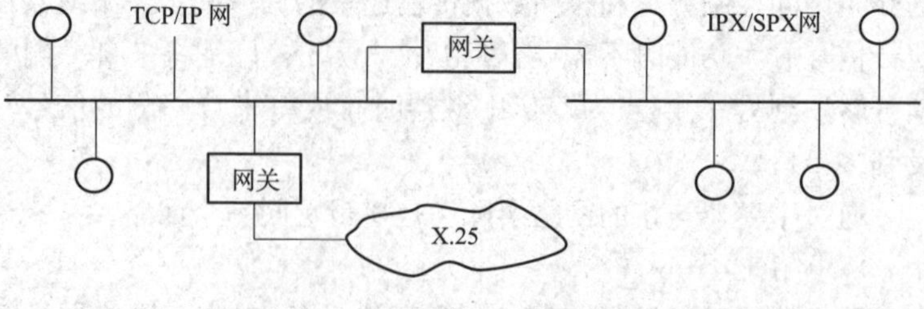

图 3-7 采用网关实现网络互连

由于网关工作在 OSI 模型的高层，它允许应用软件和用户工作在各种不同结构的网络上，并相互通信。由于网关提供了不同协议之间的转换功能，因此它的效率比较低，透明性不强，而且网关的管理比路由器更复杂。

第 4 章　列车通信网络

国际电工委员会制定的列车通信网络标准 IEC 61375-1 中规定列车通信网络主要由列车总线 WTB(Wired Train Bus)和车辆总线 MVB(Multifunction Vehicle Bus)两部分组成。本章主要介绍列车通信网体系结构、列车总线 WTB 和车辆总线 MVB 的工作原理。

4.1　列车通信网络组成

如图 4-1 所示,列车通信网络包含两级总线,即列车总线 WTB 和车辆总线 MVB,各段 MVB 通过网关连接到列车总线 WTB 上。

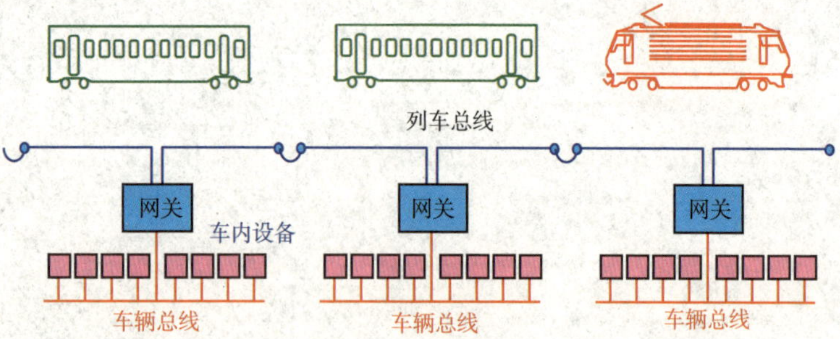

图 4-1　列车通信网络结构

4.1.1　列车总线

列车总线由各个车厢内固定安装的通信电缆通过车厢之间的

连接电缆而构成。列车总线上连接的设备称为节点。每个车厢中可能有一个以上的节点。节点可以不连接车辆总线，也可以连接几个车辆总线。列车总线节点可作为列车总线和车辆总线之间的网关。

列车总线采用总线型拓扑结构。由于是共享总线，每一列车在一次运行中必须有一个且只有一个控制列车总线工作的节点，称为主节点。在一个运行周期内，由总线主节点管理列车总线的运行，必要的时候主节点可以切换。列车总线是自组态的，当列车编组改变时，列车总线自动重新构成，得到一个总线主节点，并自动指定各节点地址、位置及识别运行方向。

4.1.2　车辆总线

车辆设备是通信网上各种信息的发源地，也是服务命令的执行机构。车辆总线连接各个车厢设备，周期性地广播用于牵引和列车控制的时间严格的过程数据。车辆总线在机车、车辆或正常操作期间不分开的车厢组中是标准数据的传送载体。它既提供可编程设备之间的互连，也提供可编程设备与其传感器和执行机构之间的互连。

和列车总线不同，车辆总线具有固定的结构和地址，且拓扑结构为一对多点主从方式。在一定周期内，由总线管理器负责控制整个车辆内设备对总线的访问。总线上可以有多个总线管理器，但在一个给定的时间内，只能有一个总线管理器成为主设备，其他的管理器作为冗余以防故障的出现，它们之间可以进行切换。

由于列车的干扰状况和运行环境的恶劣都是其他工业场合不可比拟的，所以车辆总线通信的可靠性要求较高。同时车辆总线要求通信具有实时性，能在规定的采样周期内，及时响应操作命令，及时采集车辆的工况参数，及时给出控制指令等。

4.2 多功能车辆总线

4.2.1 概　　述

MVB是特定用于连接同一车厢或不同车厢的标准设备到列车通信网络的车辆总线。它既提供了可编程设备之间的互连，也提供可编程设备与其传感器和执行机构之间的互连。MVB最多支持4 095个设备，其中有256个是能参与消息传送的站（多功能车辆总线主要参数见表4-1）。图4-2和图4-3显示了在机车内和车厢内的MVB的应用。

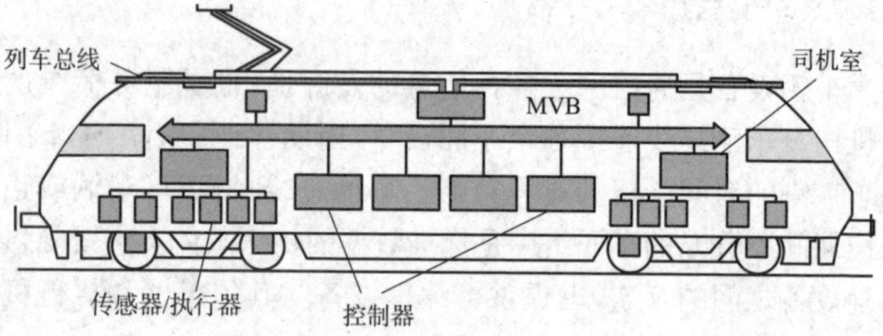

图4-2　机车内的多功能车辆总线

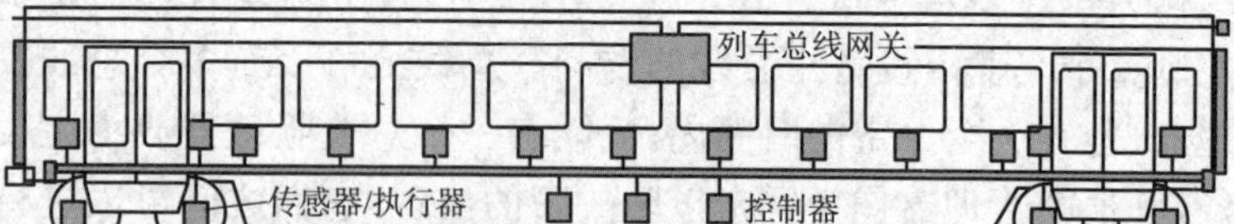

图4-3　旅客车厢内的多功能车辆总线

运行时不解挂的列车，MVB也可作为列车总线使用。

MVB传送三类数据：

(1)过程数据(Process Data)：周期小于1 ms的源地址数据的

周期性广播。

(2)消息数据(Message Data):按需求、目标寻址的单播或广播。

(3)监督数据(Supervisory Data):传输事件分解、主设备权传送、设备状态等数据。

表 4-1　多功能车辆总线主要参数

参数	说　明	
构形	总线(电气的),星形(光纤)	
介质(可选)	电短距离 电中距离 玻璃光纤	双绞线,RS—485 屏蔽双绞线,变压器耦合 200/240 μm 光纤,星形连接器
长度	电短距离 电中距离 玻璃光纤	20 m,每段 32 个设备 200 m,每段 32 个设备 2 000 m
物理层的冗余	备份的物理层介质(同步发送)	
信号	曼切斯特Ⅱ编码,9 个比特源分界符	
信号传输率	1.5 Mbit/s	
地址空间	12 bit 设备地址:0～255 留给带消息数据的设备 12 bit 逻辑地址用于过程数据:每个为 16～256 bit	
物理寻址	单播和广播	
帧尺寸(bit)	16,32,64,128,256	
完整性	每 64 bit 带 8 位 CRC 校验码＋曼切斯特编码,主设备帧和从设备帧带有不同的源定界符防止失同步,接收时间窗口监督	
介质分配	由中心主设备进行	
通信	周期性的(过程数据);偶发性的(消息数据);监督(监督数据)	
主设备权传输	通过令牌传递,几个总线管理器轮流获得主设备权	
主设备权冗余	作为备份的冗余总线管理器	
链路层服务	链路过程数据接口 链路消息数据接口 链路监督接口	源地址数据广播 报文 链路层管理

4.2.2 MVB 物理层

MVB 提供三种不同的物理介质,它们以相同速率运行:电短距离介质传送距离≤20 m,使用标准的 RS—485 收发器,每段最多支持 32 个设备;电中距离介质传送距离≤200 m,每段最多支持 32 个设备,屏蔽双绞线,变压器隔离;光学玻璃纤维介质,星形连接或点到点方式下最大传送距离 2 000 m。

1. 电短距离介质 ESD

该介质使用 RS—485 收发器,基于基本的差分传输,无需在发送器和收发器之间电隔离,适用于位于密闭机箱里的底板总线之间的通信。

2. 电中距离介质 EMD

在封闭的列车系统中,MVB 可以跨越几个车厢。在这种应用中可采用电中距离介质,每段最大可以达到 200 m,约 4 个车厢。用于连接不解挂的车厢组合。

3. 光介质

光介质被推荐用于高电磁噪声的区域,例如机车。电介质采用总线拓扑结构,而光介质通常采用星形拓扑。当设备数目小到能够使用有源或无源的光三通时,光介质也能总线式排列。

4. 总线段连接

一条总线可以包含电短距离段、电中距离段和光纤段,不同段之间互连使用中继器。MVB 用中继器能扩展到 2 000 m。网络扩展受任意两设备间最大应答延迟时间(43 ms)的限制。

4.2.3 MVB 设备

1. 总线控制器(Bus Controller)

总线控制器控制总线的访问。总线控制器通过发送器和接收器附挂到两条冗余总线。总线控制器包含编码器/译码器和通信存储(Traffic Store)控制逻辑。总线控制器译码到达帧并寻址通信存储。如图 4-4 所示。

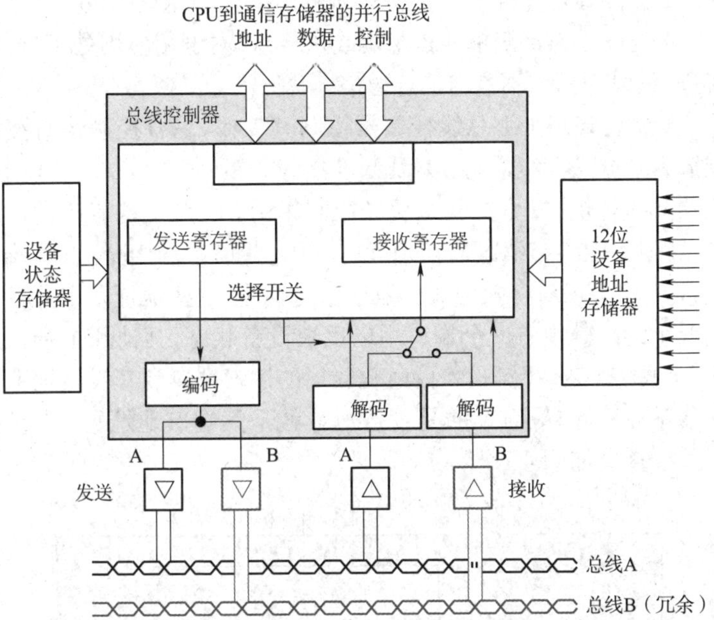

图 4-4　总线控制器

2. 设备分类

MVB 总线上的设备，根据其控制与通信能力分为 5 类：

0 类设备不参与通信。中继器和星形光耦合器属于这类。

1 类设备连接简单的传感器或执行机构，不可远程配置，无应用处理器。不参与消息通信。

2 类设备自带应用处理器。可配置，能预处理信息，但处理程序固定。参与消息通信。

3 类设备是可编程逻辑控制器 PLC 的完全站，3 类设备有许多端口，典型的是 256 个。

4 类设备与 2 类、3 类设备相同，但提供更多服务。参与总线的管理与控制。

(1)1 类设备

1 类设备是连接 I/O 设备的简单连接器,它们不带处理器。

1 类设备连接简单的传感器或执行机构,没用应用处理器,不能进行远程配置,不参与消息通信。

1 类设备完全由总线控制器控制其工作,总线控制器直接控制输入/输出寄存器。此类设备连接线长的一些 I/O 设备,如传感器或执行机构,可安装在现场控制箱中。1 类设备能传送过程数据,但不能参与消息通信,其端口由一些简单的 16 位寄存器组成,1 类设备仅对有限的几个地址作出响应,这些地址是由设备地址派生的。其中有一个端口用以反映设备状态,其他几个端口用于 I/O 的连接。1 类设备的过程数据的逻辑端口和其设备地址紧密联系在一起,最简单的是设备地址就是其端口地址。1 类设备的总线接口如图 4-5 所示。

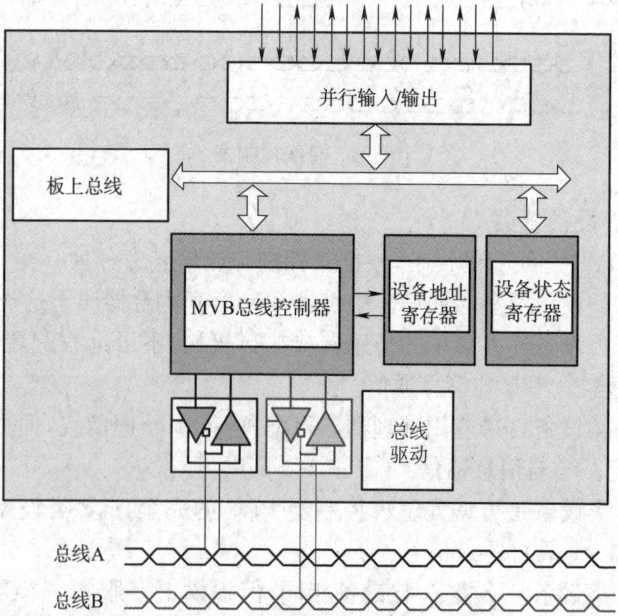

图 4-5　1 类设备的总线接口

(2)2 类、3 类设备

2 类设备是带应用处理器的智能型输入/输出设备,可以安装在现场控制箱中,也可以安装在机柜内。2 类设备是可配置的,不仅能进行过程数据传输,而且能够对信息进行预处理,并参与消息通信。但其处理程序是固定的。在 2 类设备中,总线控制器和应用处理器通过双方均可访问的通信存储器进行信息交换。

3 类设备是带有应用处理器的完全站,能进行过程数据通信、消息数据通信和总线管理。3 类设备有许多端口,典型是 256 个。此类设备能够被用户编程,可通过管理消息进行上传和下载。其总线接口如图 4-6 所示。

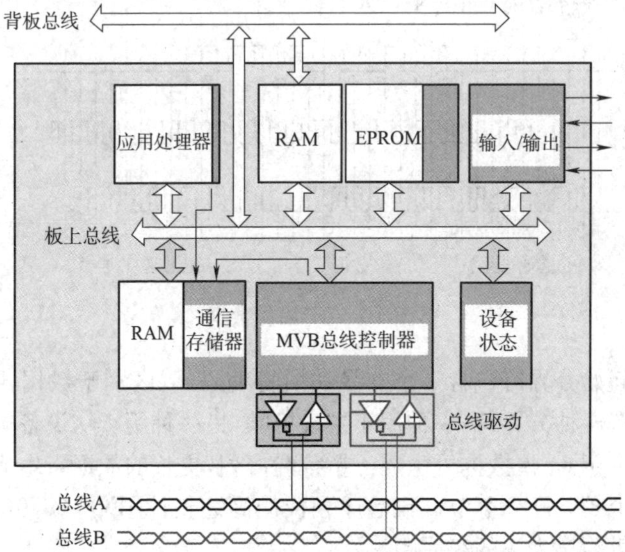

图 4-6　2 类、3 类设备总线接口

(3)4 类设备

4 类设备有与 2 类、3 类设备相同的结构,但提供附加的服务,它们拥有大量的端口,甚至能预定所有的总线通信。其功能除了具有3类设备的基本功能，还可以用作控制总线的总线管理器，监控总线的监控站，用于程序开发、调试和测试用的可编程调试站。典型4类设备有：控制总线的总线管理器；网络管理器；连接车辆总线和列车总线的网关等。

4.2.4 MVB信号传输

所有的介质都以1.5 Mbit/s的速度传输数据。数据采用曼切斯特编码，该编码把数据和时钟结合在一起生成一个信号。"1"用在1位单位中间的一个负跳变进行传输，"0"用一个正跳变传输。每帧数据以9位帧起始分界符开始，以8位校验序列和一位结束分界符结束，如图4-7所示。

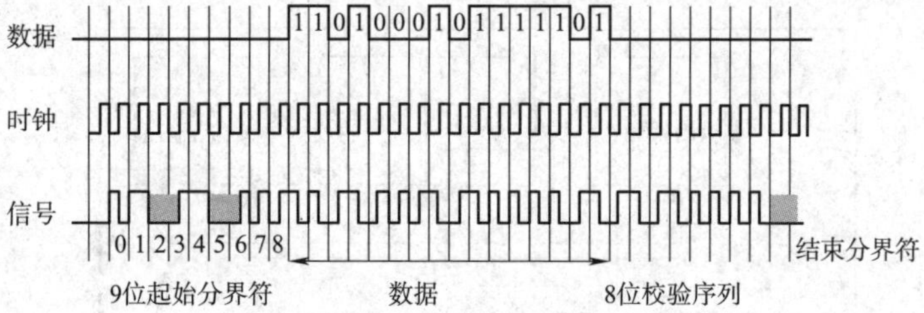

图4-7 MVB帧数据

起始分界符包含3个非曼切斯特编码，以区别于数据比特序列。有两种分界符：一种用于主设备帧，另一种用于从设备帧。

少于64位数据可生成一个校验序列，更长的数据需生成并传送多个校验序列字节。校验序列使用高完整性IEC 60870-5-1算法提供距离为4的汉明距。

为创建一个伪造的二进制位，1个比特单元的两个半波是反相的，因此曼切斯特编码提供了附加的完整性。

帧由结束分界符结束，允许对帧尾部检测。

在光纤或RS—485传输中，结束分界符包含至少一个二进制位时间，以使线路返回空闲状态。

4.2.5　MVB 帧

MVB 有两种类型帧：主设备帧，只由主设备（总线管理器）生成；从设备帧，由从设备在响应主设备帧时发送。

一个主设备帧及相应从设备帧共同形成一个报文，如图 4-8 所示。

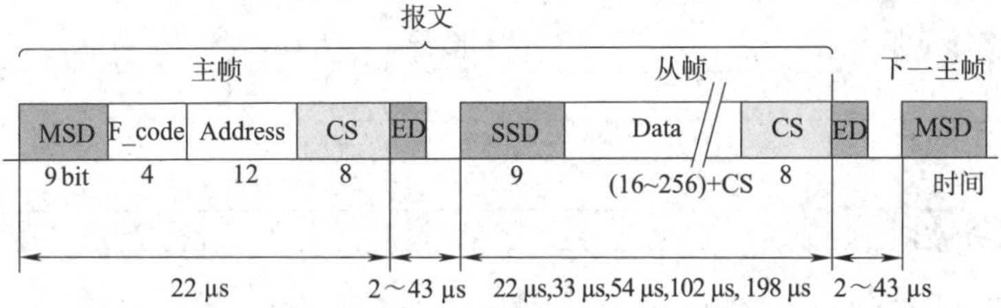

图 4-8　MVB 报文

MSD—主设备开始分界符；ED—结束分界符；SSD—从设备开始分界符；CS—校验序列；F_code—功能码；Address—地址

主设备起始分界符、从设备源分界符不同，以防止同步失败。

主设备帧有一个固定的 33 位长度，包括：9 位主设备起始分界符；4 位指明期望的从设备帧类型和尺寸的功能码；12 位用于地址或参数；8 位校验序列。

所有的设备都对主设备帧译码。被寻址源设备用其从设备帧回答，该从设备帧可被多个其他设备接收。

从设备帧可以有 5 种可能的尺寸：33 位、49 位、81 位、153 位或 297 位，包括：9 位从设备起始分界符；16 位到 256 位的数据；对应各 64 位序列的 8 位校验序列。如图 4-9 所示。

4.2.6　MVB 物理吞吐量

下列计算用于解释怎样获得确定的定时，仅适用于过程数据传输。因为事件仲裁、可能冲突和链路层开销的存在，使得消息数据传输速率较低。

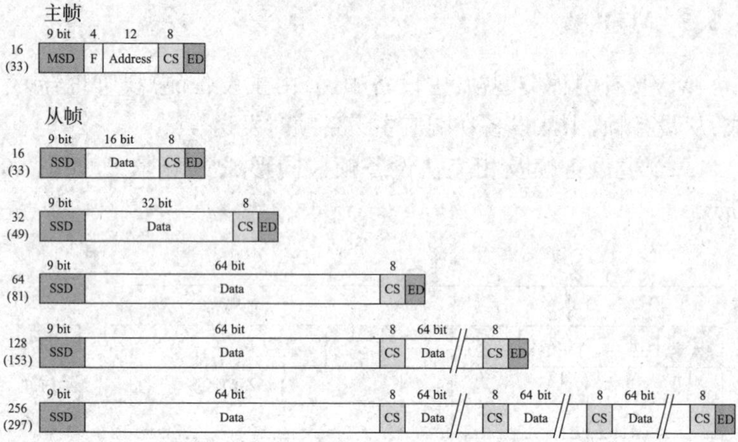

图 4-9 主设备帧和从设备帧格式

MSD—主设备开始分界符(9 位);CS—校验序列(8 位);F—功能码(4 位);ED—结束分界符;SSD—从设备开始分界符(9 位);Address—地址;Data—数据

用于主设备帧的帧持续时间为 $T_m=22.0\ \mu s$,用于从设备帧的帧持续时间为 t_s(依赖于数据尺寸)。

在接收从设备帧到发送下一个主设备帧之间的主设备延迟为 $t_{sm}=3.0\mu s$。源设备延迟设为 $t_{source}=3.0\mu s$。线路传输延时为 T_{pd}。

两个连续的主设备帧之间的间隔 t_{mm} 在两种极端情况下的总线拓扑计算:

(1)没有中继器的 20 m 总线:

$t_{mm}=2\times T_{pd}+t_{source}+t_{sm}+T_m+t_s=0.24\ \mu s+3.0\ \mu s+3.0\ \mu s+22.0\ \mu s+t_s=28.0\ \mu s+t_s$。

(2)有三个星型耦合器 2 000 m 总线,每两个耦合器之间有一个中继器:

$t_{mm}=2\times T_{pd}+t_{source}+t_{sm}+T_m+t_s=33.0\ \mu s+3.0\ \mu s+3.0\ \mu s+22.0\ \mu s+t_s=61.0\ \mu s+t_s$。

表 4-2 显示了总线吞吐量：

表 4-2　20 m 和 2 000 m 的 MVB 吞吐量（物理层）

数据(bit)	报文(bit)	报文持续时间(μs)		报文传输率(1/s)		纯数据传输率(kbit/s)	
		20 m	2 000 m	20 m	2 000 m	20 m	2 000 m
16	66	50	83	19 906	12 409	318	193
32	82	61	94	16 420	10 677	525	342
64	114	82	115	12 161	8 696	778	557
128	186	130	163	7 679	6 135	983	785
256	330	226	259	4 421	3 861	1 132	989

表 4-2 解释如下：

第 1 列显示了从设备帧中的有用位数。

第 2 列是一个报文内传输的位数。

第 3 和第 4 列给出包括延迟在内传送一个报文所需时间。

第 5 和第 6 列显示了每个间隔（1/间隔）的报文数量。

纯数据传输率显示了传输的有用位数（只在从设备帧中），这些数是被报文间的间隔分开的。

4.2.7　MVB 报文

1. MVB 报文类型

MVB 中有 16 种报文类型，由主设备帧（Master Frame）中的功能码（F_code）区分，见表 4-3。

表 4-3　MVB 的报文类型

功能码(F_code)	报文类型
0	16 位过程数据请求帧
1	32 位过程数据请求帧
2	64 位过程数据请求帧
3	128 位过程数据请求帧

续上表

功能码(F_code)	报文类型
4	256位过程数据请求帧
5	(保留)
6	(保留)
7	(保留)
8	主设备权传送请求帧
9	常规事件请求帧
10	(保留)
11	(保留)
12	256位消息数据请求帧
13	组事件请求帧
14	单事件请求帧
15	设备状态请求帧

2. 过程数据(Process Data)报文

响应包含F_code＝0～4和逻辑地址(Logical Address)的主设备帧(Master Frame)的过程数据(Process Data),如图4-10所示。

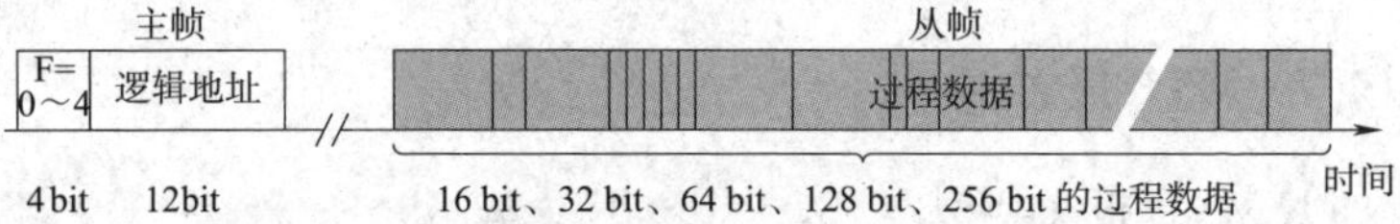

图4-10 MVB过程数据报文

注:帧中的阴影部分包括了帧的表示、分界符和校验序列(Check Sequences)。

一个过程数据帧由一个设备发送,但被所有相关的其他设备接收。

3. 消息数据(Message Data)报文

消息数据(Message Data)是对包含F_code＝12和设备地址的主设备帧(Master Frame)的响应,其长度固定为256位。消息数据包含一个供所有设备译码的12位目的地址。只有被选中的目的设备才接收该帧,如图4-11所示。

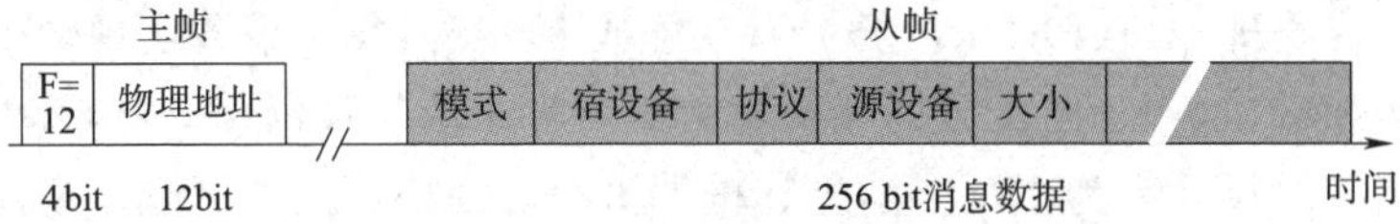

图 4-11　MVB 消息数据报文

注：帧中的阴影部分包括了帧的表示、分界符和校验序列。

4. 监督数据(Supervisory Data)报文

监督数据(Supervisory Data)帧是对 F_code＝8、9、13、14 或 15 的主设备帧(Master Frame)的响应。其长度总是 16 位，如图 4-12 所示。

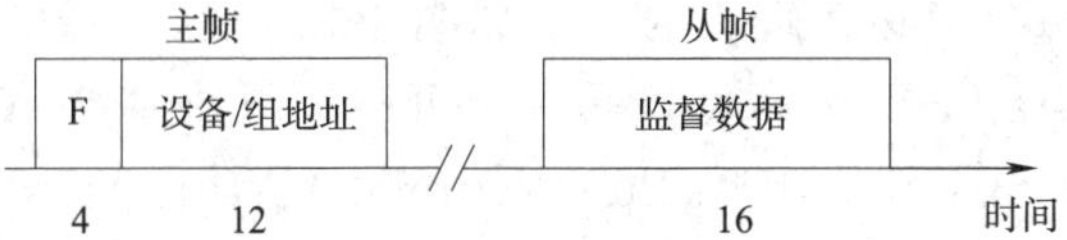

图 4-12　MVB 监督数据报文

特别地，F_code＝15 读设备状态(Device Status)，主设备可以通过轮询获得设备状态以便检查。

4.2.8　MVB 端口

主设备帧以及用来响应主设备帧的从设备帧之间的时间间隔小于 4 ms。为了使从设备能够在接到主设备帧后 4 ms 内响应，从设备帧应在发送前准备好，为此，设备将其数据放置在一个称为端口的寄存器中。每个设备都有其一定数量的端口，分别配置为源端口或宿端口。端口分为两类：物理端口和逻辑端口，通过主设备帧中的功能码来区分。

逻辑端口(Logical Port)(功能码 0～4)：每个设备实现若干个逻辑端口，典型的是 256 个。在配置阶段，分别将它们设置为源端口或宿端口，其尺寸规定为 16 位、32 位、64 位、128 位或 256 位。这些端口由 12 位的逻辑地址标识(F_code＝0～4)。逻辑端口为过程数据提供基础通信。

物理端口(Physical Port)(功能码 8～15):每个设备实现 8 个物理端口,用于监督数据和消息数据。除了消息数据端口外,其他端口的尺寸都为 16 位,消息数据端口在后面描述。物理端口通过 12 位设备地址(Device Address)和 F_code＝8～15 寻址。256 位消息端口(F_code＝12)仅用于消息数据。只有主设备帧指定的设备才能作为消息数据的源。所有其他设备将监视从设备帧,若自身的设备地址在从设备帧的帧头中出现则接收该帧。与其他端口相反,消息端口的内容不会被改写,因为消息端口在以前内容未被取走时,拒绝接受新帧。

一个 MVB 设备端口的例子如图 4-13 所示。端口位于通信存储器(Traffic Store)中,这是一个可被应用处理器(Application Processor)和总线控制器(Bus Controller)所访问的共享存储器。消息队列也可位于通信存储中。

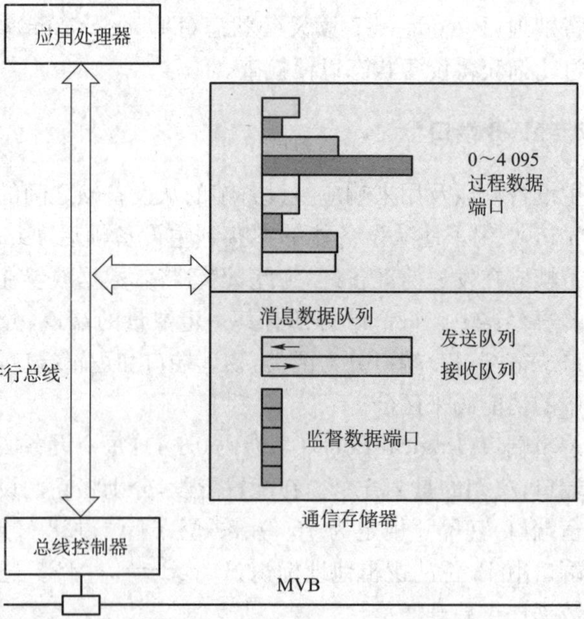

图 4-13　通信存储中的端口

4.2.9　MVB 介质分配

MVB 由单个主设备控制，该设备是能发送主设备帧（Master Frames）的唯一设备，所有其他的设备都是从设备，它们不能自发发送。在一个轮询周期内，只有一个设备能成为主设备。主设备可位于总线的任意位置。

主设备可以按照某种预定顺序对端口进行周期性的轮询，如图 4-14 所示。

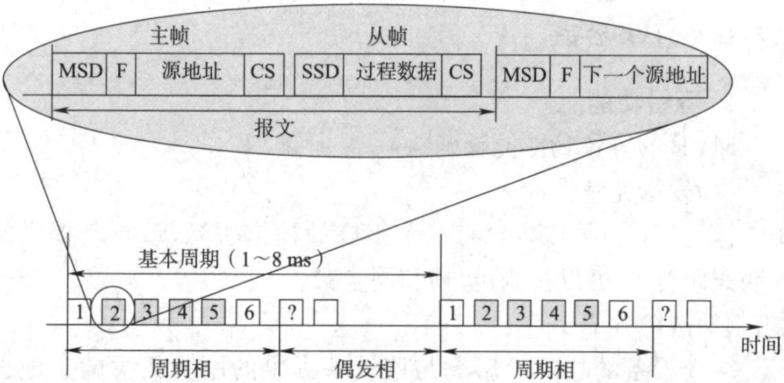

图 4-14　MVB 通信

常规运行前建立主设备读端口的顺序。应用定义每个端口的特征轮询周期。特征轮询周期总是基本周期（Basic Period）的 2^N 倍（其中 $N=1\sim10$）。具有相同特征周期（Individual Period）的端口属于同一个循环。

在每个基本周期（Basic Period）内轮询 1 号循环一次，每个基本周期的第二拍轮询 2 号循环一次，每个基本周期的第四拍轮询 4 号循环一次等。大的循环可以分为许多子循环，覆盖多个周期，如图 4-15 所示。

为留给偶发通信充足的空间，应用配置主设备的周期列表（Periodic List）。

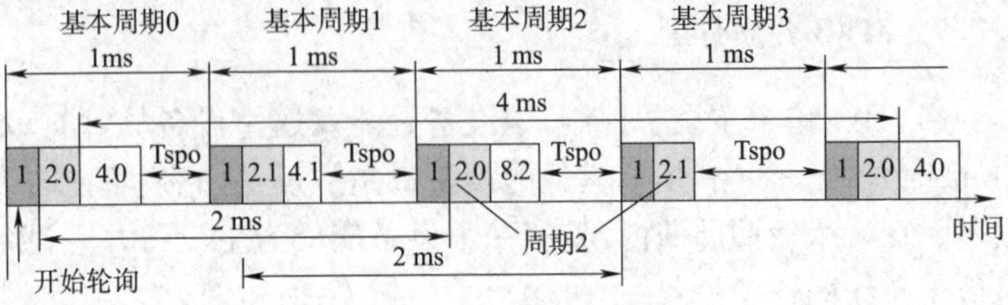

图 4-15　周期通信配置

Tspo—偶发性数据传送时间

4.2.10　MVB 容错

1. 容错功能

MVB 的容错功能能够确保：

(1)发送完整性

链路层(Link Layer)有一个扩展的检错机制，该机制提供的汉明码距为 8，可以检测位、帧和同步错误。

(2)故障独立

一个设备的故障不影响与该设备提供的服务无关的其他设备。连续的发送器可被中断连接。

(3)发送可用性

可用性通过介质冗余、总线管理器(Bus Administrator)冗余得以提高。

(4)可配置性

一个系统可以由单线程(Single Thread)和冗余部件构成。

2. 介质冗余

总线控制器(Bus Controller)可以通过两对线进行发送，而从一对线接收数据。载波检测逻辑不断地监控其他线，检查其安全性。电介质和光介质都可以全部备份。

图 4-16 显示了一个完全双份配置的总线，由通过冗余光纤段连接到冗余电气段 V 的冗余电气段 U 构成。

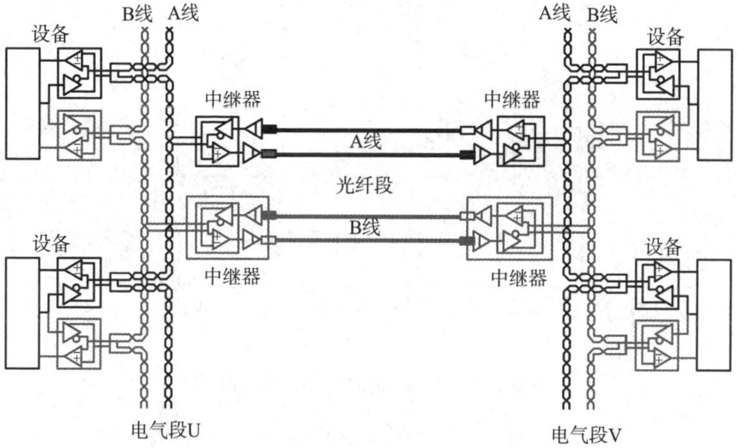

图 4-16　完全冗余总线

3. 冗余总线管理器(Bus Administrator)

由于单主设备是单故障点,因此主设备权可以由多个总线管理器(Bus Administrator)承担,一次一个。

为提高可用性,主设备权可以被两个或更多的总线管理器共享,一轮只有一个总线管理器行使主设备权。在失败的情况下,主设备权在总线管理器间传送,传送时间限制在几个毫秒内。为了实现冗余,主设备权每隔几秒通过令牌帧传输。

为此,所有总线管理器组织成逻辑环形式,如图 4-17 所示。一个令牌传送机制保证仅有一个总线管理器成为主设备。

4. 令牌传送算法

下面算法确保所有总线管理器对总线的轮询访问:

(1)在开机或主设备丢失后,交错超时确保多个总线管理器中仅有一个成为主设备。

(2)对于每一轮,只有一个主设备行使主设备权。

(3)之后,主设备寻找下一个总线管理器,读取显示该设备是否为已配置总线管理器的设备状态。

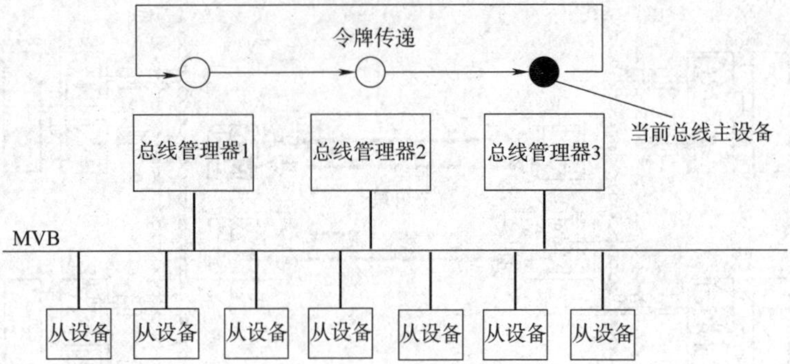

图 4-17　多主设备间的主设备权传送

(4)一个主设备仅能将主设备权传递给一个配置好的、现实的总线管理器。

(5)如果设备不是一个配置好且现实的总线管理器,主设备在下轮后寻找下一个总线管理器。

(6)如果设备是一个配置好的且现实的总线管理器,主设备发送一个主设备权传送请求为该总线管理器提供主设备权。

(7)如果设备在主设备权传送应答接受主设备权,或者没有应答,则主设备尝试成为备用主设备,并监控提供主设备权的通信或者总线静默。

(8)如果其他设备拒绝主设备权,当前主设备再一轮继续拥有主设备权,之后当前主设备尝试总线管理器列表中的下一个设备。

(9)备用总线管理器如果接受了主设备权传送请求或者检测到预定义超时后没有总线活动就成为主设备。

注:如果没有对主设备传送请求的应答出现,为避免万一出现主设备传送应答丢失后出现两个主设备,主设备尝试成为备用态。

4.3　绞线式列车总线

4.3.1　绞线式列车总线特点

绞线式列车总线(WTB)主要用来连接同一车组中不同车厢(或单元),实现整个列车(车组)的信息传输。表 4-4 总结了 WTB 的特性。

表 4-4　WTB 特性

参数	说明
构形	形成总线的电缆节的链
介质	屏蔽双绞线,120 Ω
长度	长 860 m,带有 32 个节点的特定电缆;可以有更长的长度和更多的节点(最大节点数 62 个)
物理层冗余	双电缆物理层介质
信号	带有 16 位到 32 位前同步码的曼切斯特编码
信号数据传输率	1.0 Mbit/s
寻址	单播(初运行时分配 6 位地址),广播方式寻址
帧尺寸	有效数据:每个 HDLC 帧 4～132 字节
完整性	每帧 16 位的帧检测序列、帧尺寸监督和曼切斯特编码
介质分配	由一个主设备决定
通信	循环(周期 25 ms)(用于过程数据) 偶发(用于消息数据和监督数据)
主设备权	每个节点可以在初运行中通过应用命令或初始化时的争论或失效时成为主设备
主设备冗余	初运行时主设备权传到其他节点
链路层服务	过程数据　源寻址变量的广播 消息数据　报文 监督数据　总线监督

续上表

参数	说明
层管理	链路层管理接口
可选项	用于清理连接器的清除电路

4.3.2 列车总线拓扑

WTB在屏蔽双绞线上以1 Mbit/s的速度运行。在指定类型的线缆上，WTB最多连接32个节点，最大距离为860 m。也能实现更长的距离和更多的节点数（最多62个）。

WTB介质由不同车厢携带的电缆节链接形成，如图4-18所示。节点直接或者通过外延电缆连接到主干电缆上。该线路不会产生残段（非端接电缆节），因为电缆没有抽头。因此外延长度也不受信号反射的限制。

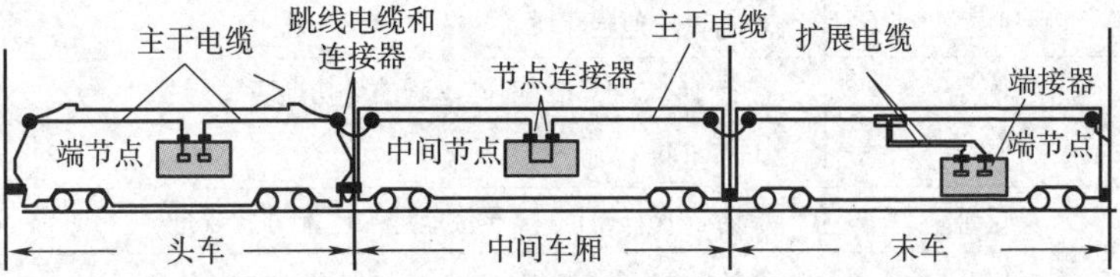

图4-18 WTB拓扑

在常规操作中，每个节点插入到主干电缆并连到两个总线节上：总线中部的节点或中间节点（Intermediate Node）连接两个总线节。中间节点没有自己的端接器；总线两端的节点或端节点（End Node）不连接两个电缆节，它们一端连到列车的中部，另一端连到开路端。为减少反射，端节点用端接器（匹配电缆阻抗的电阻）连接到它们的两个总线节。

开放端形成一个开放段，仅在一末端宿。段从端接器到端接器伸长。

WTB在给定时间内由单一主设备控制。在主设备控制下，WTB周期性广播用于诸如牵引、控制列车的过程数据。它也按需求传送可能较长，但不太紧急的用于旅客信息、列车诊断和维护的消息数据。

主设备权可以因为组成变化或节点失败而被传输。列车组成变化时，例如车厢连挂，WTB自动重新配置自己，给节点分配地址和方位，分配给所有节点新的构形。

为此，主设备通知中间位置的节点连接电缆节，并命令端节点(End Node)在末端插入端接器。这个过程也给出每个节点的位置地址和相对主设备的方位，称为初运行。因此，不管运行方向，所有节点都认可同一方向为前向，同一侧面为左侧。

一个节点可能同时既是主设备又是从设备。尽管仅有一个主设备，但可以有多个节点能够成为主设备。这提供了冗余性以防主设备丢失。

4.3.3　WTB介质

WTB运行在屏蔽双绞线上，该介质提供了连接分开的车厢所需的高机械稳定性。特定的电缆允许在860 m的距离上以1 Mbit/s的速率传输，相当于22个26 m长的车厢的UIC(国际铁路联盟)组成，加上50%用于车厢连接处的长度。最多32个节点能附挂到该类双绞线上，因为每个车厢可有不止一个节点。

为了连接不同的车厢，WTB可以使用自动耦合器接触(如市郊列车)或手插电缆接触。因为车厢的方向不可预测，配电线(如空气管道)通常在车厢端接处分开并穿过两个连接器，连接器中至少一个是已插入的，UIC线缆就是如此。

由于开放电缆残段(如果一个连接器已插入，而另一个在摇摆)或者两条电缆并联(如果两个连接器都被插入)将引起电气中断，因此WTB电缆不能分开穿过两个并行的连接器。

因此，两条跳线电缆均应插入，但是每一个连接不同的WTB

电缆。这自然产生了如图 4-19 所示的冗余线路。

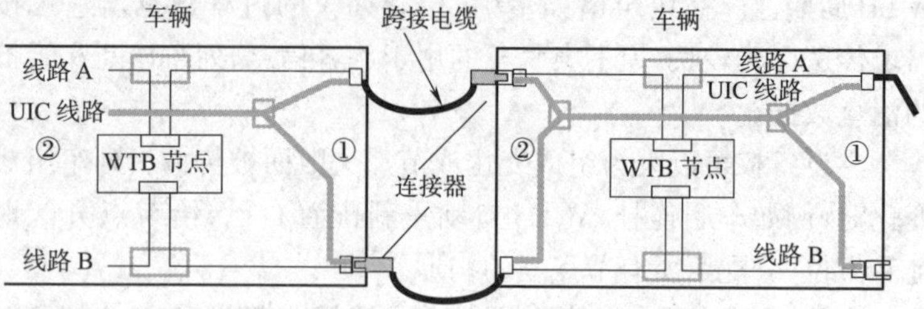

图 4-19 WTB电缆安排

4.3.4 WTB 介质附挂单元(WTB Medium Attachment Unit)

介质附挂单元有两个收发器，一个方向上一个。收发器使用变压器实现与外部导线的电隔离，并附挂到曼切斯特编码/译码器上。每个收发器被附挂到能收发帧的信道上，可能是主信道(Main Channel)也可能是辅助信道(Auxiliary Channel)。两者的构成相同。

图 4-20 显示了端节点(End Node)的开关位置。总线开关(Bus Switch)打开时，断开总线节间的连接。端接器开关(Terminator Switche)关闭时，插入端接器。方向开关的一个方向连接主信道(Main Channel)，而另一个方向连接辅助信道(Auxiliary Channel)。

一个中间节点(Intermediate Node)(列车中部)连接总线节，并去除端接器。该节点仅使用主信道(Main Channel)而关闭了辅助信道(Auxiliary Channel)。

4.3.5 WTB 介质冗余

即使列车总线携带的信息不直接与安全相关，但列车总线的失败可引起列车不可用。冗余的不同等级用于总线和节点。WTB 支持介质冗余方案，其中线缆是成双的，而节点不是。一个

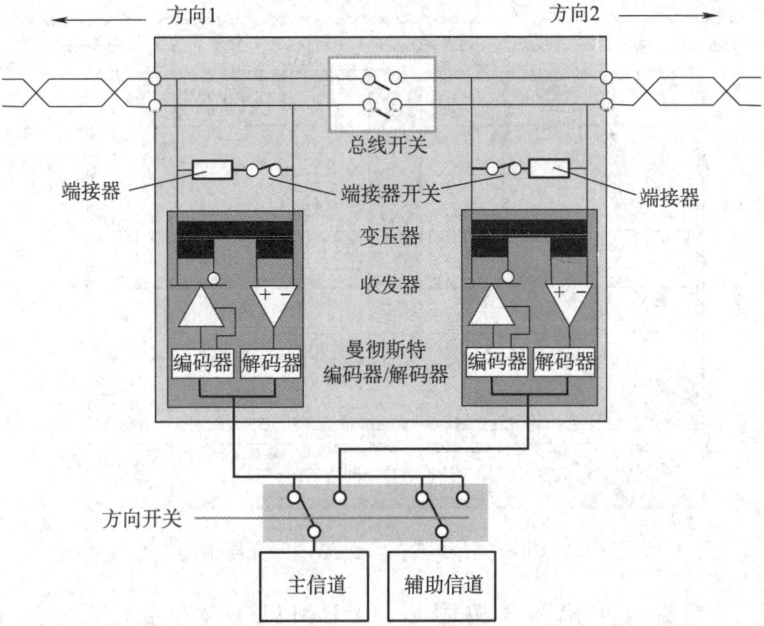

图 4-20　介质附挂单元

节点总是同时在两条线缆上发送数据，每个节点从一条线缆中接收数据，但是监督另一条线缆是否可用。为此，译码器传送一个“有效数据”信号。这样一个节点的介质附挂单元（Medium Attachment Unit）对于每条线路需要一个线单元（Line Unit），如图 4-21 所示。

4.3.6　WTB 信号

WTB 总线传送的数据以曼切斯特码编码：在一个位元中部的正跳变表示“1”，在一个位元中部的负跳变表示“0”。（注：为适应已存在的商业译码器，WTB 使用了被翻转的曼切斯特信号定义。）

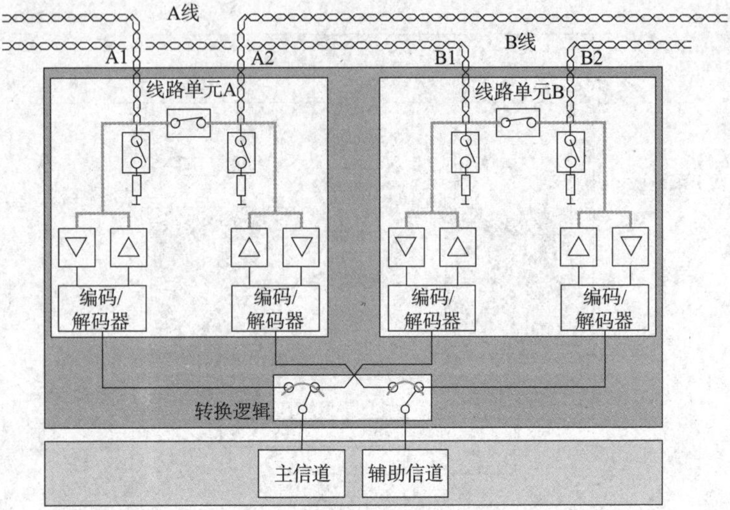

图 4-21　带有冗余电缆单元的 WTB 介质附挂单元

为确保正确的译码同步，每个帧以 16 位到 32 位包含(“1”，“0”)的序列并以“1”结束的前同步码开始，如图 4-22 所示。

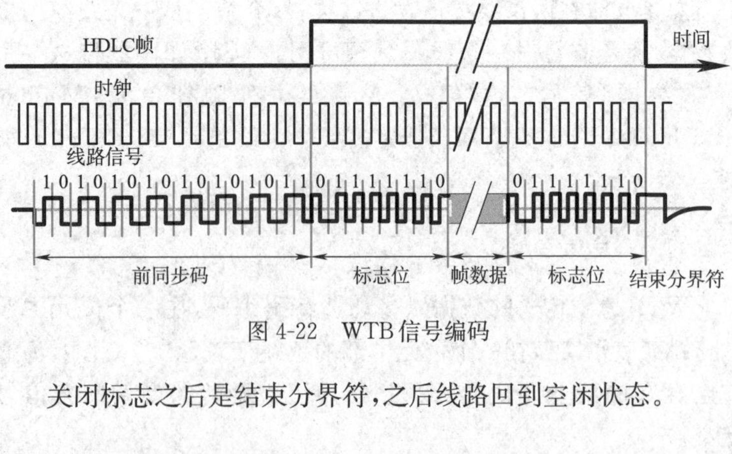

图 4-22　WTB 信号编码

关闭标志之后是结束分界符，之后线路回到空闲状态。

4.3.7　WTB 帧

1. 帧格式

所有的帧都具有同样的编码，遵循 HDLC(ISO/IEC 3309)规范，如图 4-23 所示。

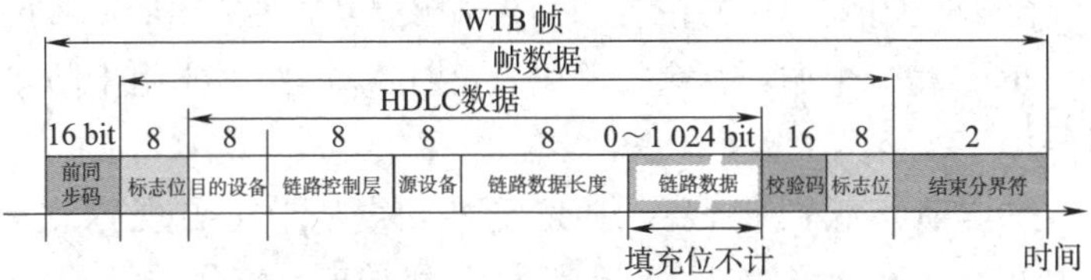

图 4-23　WTB 帧

帧的开始部分的前同步码由曼切斯特编码器产生，并由曼切斯特译码器去除。它不属于帧数据(Frame Data)部分。它的长度为 16 位到 32 位，16 位是默认值。

帧数据以两个 8 位标志(01111110)作为分界符。

HDLC 数据(HDLC Data)以 8 位目的设备(Destination Device)的地址开头，该地址也是目的节点的节点地址(Node Address)(或者是广播地址)，并被 HDLC 控制器译码。

接下来的 8 位链路控制(Link Control)域专用于 WTB。

接下来的 8 位源设备(Source Device)是源节点的设备地址(Device Address)。

字节数(Size)字节给出了其后的链路数据(Link Data)的字节数。

链路数据(Link Data)后跟 16 位帧校验序列(Frame Check Sequence)，与 HDLC 一样也能检测多种类型错误。

8 位关闭标志后跟 End Delimiter(结束分界符)，由曼切斯特编码器产生，由译码器去除。

帧数据(Frame Data)(标志之间)传送 134 个字节或 1 072 个

二进制位。由于 HDLC 的位填充机制，最坏情况下帧数据(Frame Data)的持续时间是 1 289 个位时间，还应该加上 34 个位时间用于前同步码、标志位和结束分界符(End Delimiter)，共计 1 323 个位时间。

2. 帧完整性

在 ISO/IEC 3309 中定义的帧校验序列(Frame Check Sequence)是一个循环冗余校验码，提供的汉明距为 4 用于防止位翻转。

曼切斯特编码提高了帧完整性，因为即使出现错误，也必须在一个位元的前后两半都发生翻转时，才会错发一个曼切斯特信号——位元只有一半翻转将产生曼彻斯特编码违例错误。

为提供同步滑动的完整性，HDLC 检错机制靠检测帧的尺寸和帧自身给出的帧尺寸是否一致得到增强。带有正确帧校验序列(Frame Check Sequence)但尺寸错误的帧将被抛弃。

此外，从设备帧(Slave Frame)是自包含的，既传送目的设备(Destination Device)又传送源设备(Source Device)。一个节点无需保持以前轮询帧的记录(与 MVB 相反)。因此，没有 MVB 中那样的接收窗口。

4.3.8 WTB 报文

总线主设备通过发出主设备帧(Master Frame)在源从设备和一个或多个目的从设备之间建立通信。被选中的从设备发出从设备帧(Slave Frame)作为响应。主设备帧(Master Frame)和从设备帧(Slave Frame)都进行广播，即被所有设备接收。

图 4-24 显示了报文的定时，该报文包括一个主设备帧(Master Frame)以及用来响应该主设备帧的从设备帧(Slave Frame)。

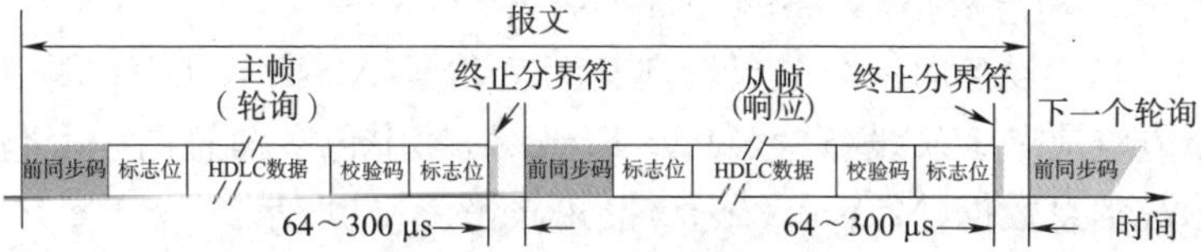

图 4-24　WTB 报文

WTB 报文有三种类型：过程数据(Process Data)报文；消息数据(Message Data)报文；监督数据(Supervisory Data)报文。

在收到主设备帧后，从设备总是答以同种类型的帧。

1. 过程数据(Process Data)报文

当主设备为过程数据(Process Data)轮询某一节点时，被轮询的节点广播从设备帧(Slave Frame)如图 4-25 所示。

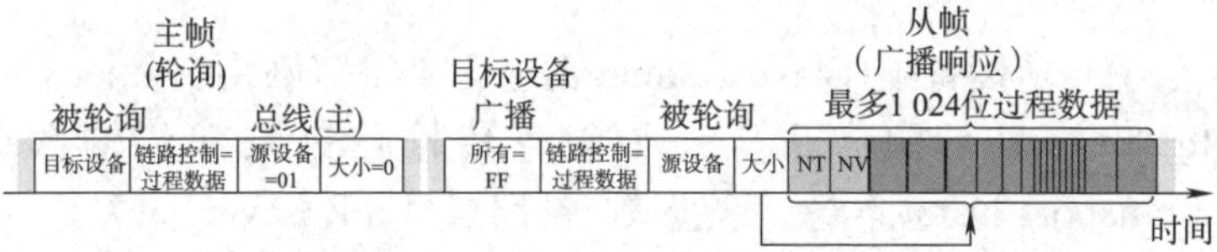

图 4-25　WTB 过程数据报文

注：阴影部分表示前同步码、标志位、校验序列和结束分界符。

由于 WTB 所有节点都被设置为接收所有其他节点的过程数据(Process Data)，因此该帧被所有其他节点接收。

节点用固定格式的过程数据(Process Data)帧作为响应，该格式在每次组成改变时建立。为在组成改变时增加完整性，过程数据(Process Data)帧的头两个字节被保留用于区分帧的内容。

主设备发送过程数据(Process Data)时，首先发送一个轮询帧，同时发送一个从设备帧(Slave Frame)，这一过程称为自轮询。

注：主设备帧(Master Frame)可选择性地仅携带发给轮询从设备的过程数据(Process Data)。

2. 消息数据(Message Data)报文

当主设备向一个节点轮询其消息数据(Message Data)时,该节点响应一个从设备帧(Slave Frame),帧中包含消息的一个包,形成消息数据(Message Data)报文,如图 4-26 所示。

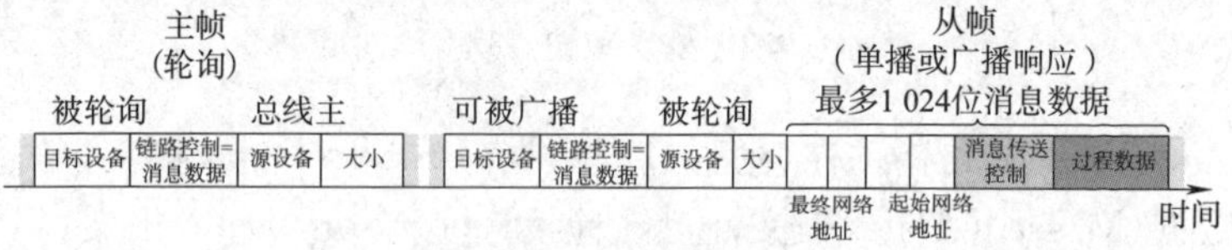

图 4-26 消息数据报文

注:阴影部分表示前同步码、标志位、校验序列和结束分界符。

该帧被单目的点接收(多播协议除外)。

头 4 个字节组成链路头(Link Header),它们的格式对于所有 WTB 帧都一样。

消息从设备帧(Slave Frame)也包含 4 字节网络头(Network Header)(显示源和宿),一个消息传输控制域和传输数据(Transport Data)本身。这些域与链路层(Link Layer)无关。

与过程数据(Process Data)不同,消息数据(Message Data)的长度可变,在被轮询节点没有消息数据(Message Data)可传送时,它可以是空的。

主设备发送消息数据(Message Data)时,首先发送一个轮询帧,接着发送一个从设备帧(Slave Frame),这称为自轮询。

3. 监督数据(Supervisory Data)报文

除了过程数据和消息数据帧外,WTB 还发送监督数据(Supervisory Data)报文,用于列车初始化和配置,如图 4-27 所示。

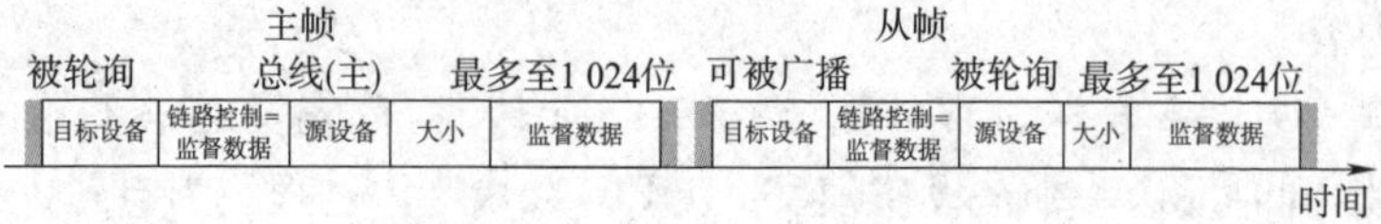

图 4-27 监督数据报文

注:阴影部分表示前同步码、标志位、校验序列和结束分界符。

这些报文可以在主设备帧(Master Frame)和从设备帧(Slave Frame)中传送信息。

监督主设备帧(Master Frame)可有一个广播目的设备(Destination Device)。在这种情况下,没有从设备帧。

4.3.9　WTB 介质访问

主设备节点负责介质访问,其他所有节点都是从设备,只在被主设备轮询时响应。

常规操作中,主设备的操作循环进行。它把总线动作分配到若干基本周期(Basic Period),基本周期由一个周期相(Periodic Phase)和一个偶发相(Sporadic Phase)组成,如图 4-28 所示。

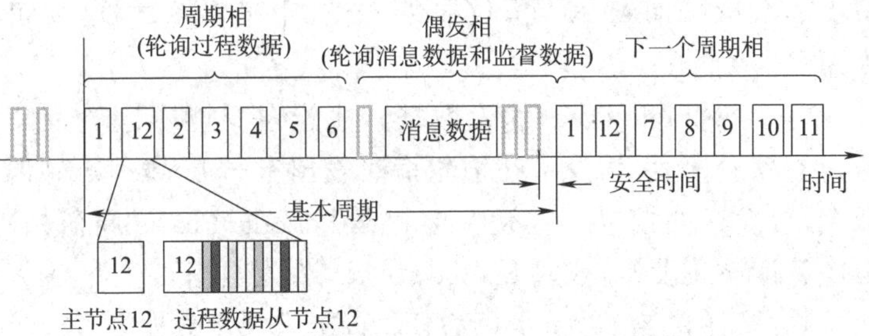

图 4-28　WTB 周期和偶发传输

为保证 Process Data(过程数据)确定、及时地发送,主设备按事先定义的间隔[即节点的 Individual Period(特征周期)]轮询各节点以获取 Periodic Data(周期数据)。在两个周期相之间的固定时间内,主设备轮询从设备以获取偶发性数据:Message Data(消息数据)和 Supervisory Data(监督数据)。

组成改变时,每个节点向主设备声明自己要求在哪个周期被轮询。主设备据此为节点建立轮询策略。

Basic Period(基本周期)固定为 25 ms,带有紧急 Process Data(过程数据)的节点可以请求每个 Basic Period(基本周期)

被轮询一次(图 4-28 给出牵引车厢的节点 1 和节点 12),不带紧急 Process Data(过程数据)的节点(如车厢)以 Individual Period(特征周期)被轮询,特征周期是 Basic Period(基本周期)的倍数。

车厢数量增加时,Periodic Phase(周期相)延长而 Sporadic Phase(偶发相)缩短,这样做可以使 Periodic Data(周期性数据)的发送时延与车厢的数目无关,Message Data(消息数据)则相反。

应用负责确保足够的时间用于 Sporadic Data(偶发数据)。例如,如果主设备每 25 ms 轮询 10 个节点,轮询一个设备的时间是 1 ms,剩余的 15 ms 用于 Sporadic Data(偶发数据)。如果节点的数量增加到 20 个,仅剩下 5 ms 用于偶发数据,这可能太短。

对于 Sporadic Data(偶发数据),主设备只能顺序轮询从设备。为缩短搜索,从设备在被轮询时发出有 Sporadic Data(偶发数据)要发送的信号。主设备接着在 Periodic Phase(周期相)后再次轮询该从设备,获取 Sporadic Data(偶发数据)。

注:只要节点的数量少,WTB 轮询节点偶发数据的方法是可行的。在支持最多 4 096 个设备的 MVB 上,这种方法被仲裁机制替代。

在每个 Basic Period(基本周期)中,主设备为检测组成部分的完整性(列车缩短或失效)和附加节点(列车变长)轮询端节点之一。如果端节点本身就是主设备,主设备仍然轮询自己并响应自己让其他节点检查到它的存在。

4.3.10 常规操作 WTB 帧

图 4-29 显示了常规操作中所有可能的主设备帧(Master Frame)和从设备帧(Slave Frame)。

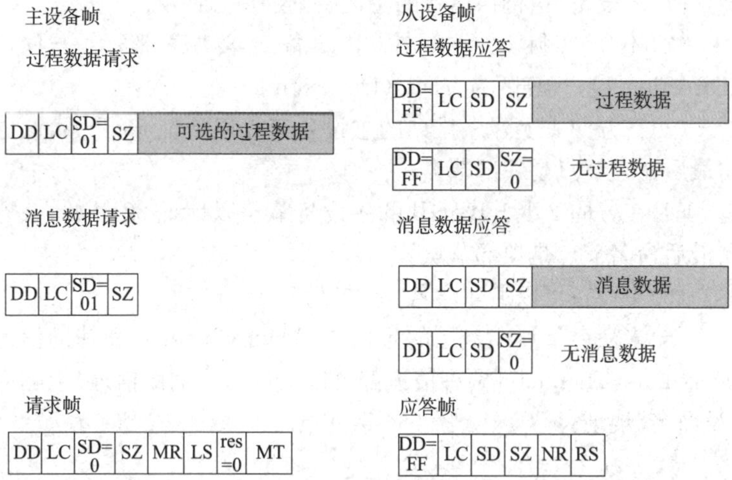

图 4-29　常规操作 WTB 帧

DD—目的设备；LS—本地强度；SZ—字节表示的链路层数据尺寸；MR—主设备报告；LC—链路层控制；MT—主设备计数器；SD—源设备；RS—远程设备强度；FF—广播地址；NR—节点报告

4.3.11　WTB 初运行

1. 初运行目的

当列车的组成改变时，特别是车厢被连挂或解挂时，主设备重新配置总线，这个过程称为初运行。

初运行中：节点连接电缆节形成一个两端带端接器的单段；每个节点接收一个标明其位置和相对于主设备的方向的唯一地址，并通知主设备它需要的特征周期（Individual Period）和节点描述符（Node Descriptor）；每个节点收到一个称为构形的描述符，该描述符显示其他节点的地址、位置和描述符。

2. 节点地址分配

根据下面的惯例，初运行过程分配每个节点一个位置地址，如图 4-30 所示。

(1)主设备(执行初运行的主设备)收到地址 01。

(2)不管实际运行方向,主设备定义“底部”为方向 1(Direction 1),“顶部”为方向 2(Direction 2)。

(3)在方向 1 上降序排列的主设备节点以地址 63 开始,该方向最后命名节点是底部节点。

(4)在方向 2 上升序排列的主设备节点以地址 02 开始,该方向最后命名节点是顶部节点。

(5)主设备可以最多命名 62 个节点。

(6)未命名节点在自己的主信道(Main Channel)和辅助信道(Auxiliary Channel)(两种信道都可以被认为是辅助信道)上响应“没命名”地址。

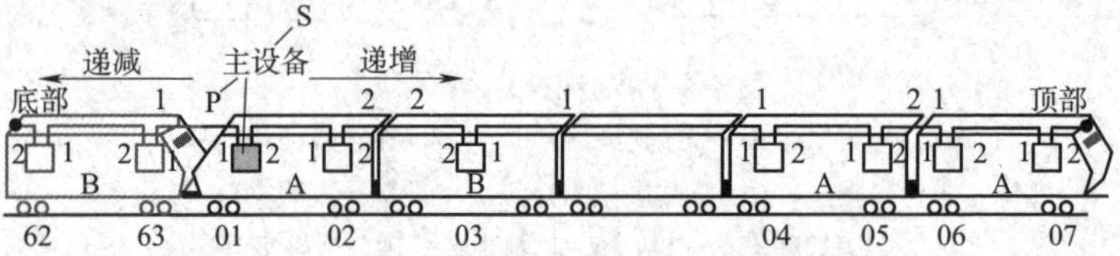

图 4-30 节点位置寻址方案

初运行使每个节点都知道:自己的地址;节点的 Line A(线 A)和 Line B(线 B)中哪一条对应主设备的 Line A(线 A),该线命名为“P”,另一条为“S”;节点的地址以升序还是降序命名;显示所有节点位置、地址和类型的构形。

这个方案要求所有车厢已经被线缆连接好,也就是说,节点的方向 1(Direction 1)应指向每个车厢的 1 位端。

3. 强节点(Strong Node)和弱节点(Weak Node)

应用可以指定仅一个节点为主设备,这个节点称为强节点(Strong Node)。如果没有其他强节点,它将控制总线。在这种组成中,不应有其他强节点。

为允许 WTB 没有指定的主设备也能运行,应用也可以允许多个节点成为主设备:弱节点(Weak Node)。一个弱节点在一定时间内没有诊测到总线活动后，就成为弱主设备(Weak Master)并开始命名其相邻的节点。

在应用的控制下，作为主设备的节点可以被改变。例如，在终点站可逆向(推—拉)列车改变运行方向：司机从司机室中取下钥匙，走到列车的另一头，把钥匙插在反方向的司机室中。在取下钥匙时，主设备还像以前一样控制列车，但这时作为弱主设备。它仅仅通知其他的节点自己被降级。总线保持可运行状态，但是应用被告知强度改变，并采取行动，例如，禁止牵引。在另一个节点插入钥匙后，这个设备便升为强节点。当弱主设备检测到有一个节点已经升级时，它取消它所控制的所有节点的命名，并回到从设备状态。然后新的主设备重新命名所有的节点。

全部用弱节点(Weak Node)操作总线也是可能的。弱节点(Weak Node)机制也用于避免主设备失效。

4. 初运行要求

初运行过程确保：

(1)在下面情况下，总线被且仅被一个主设备控制：

1)如果有多个弱节点，一个仲裁过程确保其中恰好有一个收到总线控制，而其他的弱节点成为它的从设备。

2)如果存在一个强节点，这个节点成为主设备并命名所有其他节点(从设备)。

3)如果存在几个强节点，每个都成为总线不同段的主设备，主设备冲突被告知应用。

(2)初运行在下列条件下开始：

1)以一个明确的应用命令(即使总线已经初运行过)开始。

2)当日常运行时，通过检测到增加的节点开始。但是一个节点可以禁止取消命名或重命名它的段。

3)通过在常规操作中将一个弱节点(从设备)提升为强节点开始，如果该弱节点还不是主设备。

4)如果所有的节点都允许，那么通过节点再次插入自行启动初运行。

5)一定时间内没有总线活动,则开始初运行。这可能是启动时的正常状态或者由于总线干扰(节点重入)、总线变短或主设备失效产生的异常状态。

(3)一个节点可以在任何时候作为从设备参与初运行,除非它被置于睡眠或非激活状态,因为恢复操作取决于这种状态。

(4)对于32个节点,初运行过程在超过25 ms但少于1.0 s的时间内完成。需要最小时间确保日常运行开始前所有节点能向它们的应用报告初运行。

(5)除了偶尔无意中进入睡眠模式外,中间节点的失效仅影响节点本身。

(6)帧出现丢失时初运行。如果节点对三个连续的请求都不响应,主设备认为节点失效。

(7)节点重复尝试成为主设备的现象不会阻止正常运行,但可能引起偶然干扰。

(8)不管节点是按升序还是降序命名,所有节点收到它们的位置编号、相对主设备的方位和构形。

(9)每次任何已命名的节点的Node Descriptor(节点描述符)的改变或其强度的改变都使主设备发布构形。

5. 初运行中的介质附挂单元

初运行的实现,与下面的介质附挂单元相关,如图4-31所示。

每个节点采用以下两种设置之一:

(1)端设置

总线开关打开,两个端接器都被插入。主信道(Main Channel)和辅助信道(Auxiliary Channel)被连到相反方向。

(2)中间设置

总线开关关闭,两个端接器都被去除。辅助信道关闭。应用提供节点控制并接收节点状态。

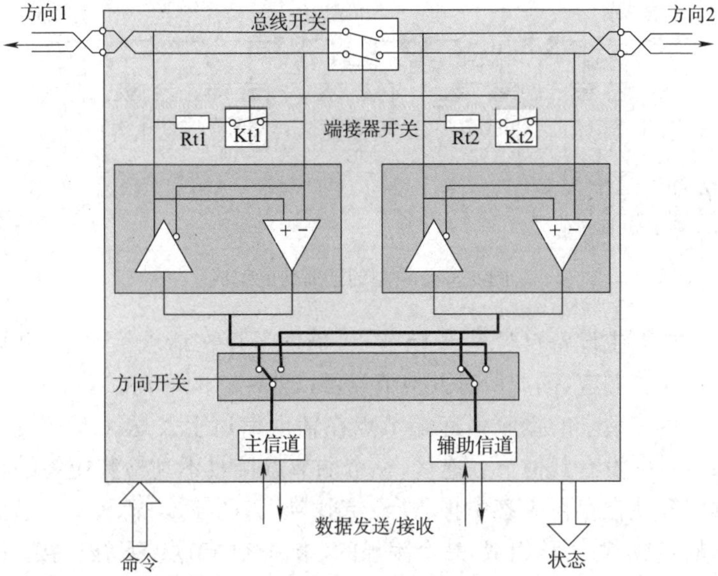

图 4-31　初运行时介质附挂单元

6. 常规运行中的已命名的组成

图 4-32 给出了一个典型的初运行总线:所有总线均被命名,节点 01 是主设备。主设备作为端节点(End Node)被画出,但是它也可以是一个中间节点(Intermediate Node)。两个端节点处于端设置,总线开关打开,端接器被插入并且辅助信道被激活;而中间节点处于中间设置,总线开关关闭,端接器被去除,辅助信道被禁用(图 4-32 中白色三角形)。它们的主信道(图 4-32 中的黑色三角形)指向主设备。

主设备在主信道上为过程数据和消息数据轮询节点。

7. 未命名节点的检测

主设备在每个基本周期用存在请求帧(Presence Request)轮询一个端节点(End Node),端节点用存在应答帧(Presence Response)响应。另一个端节点在下一个基本周期被轮询。

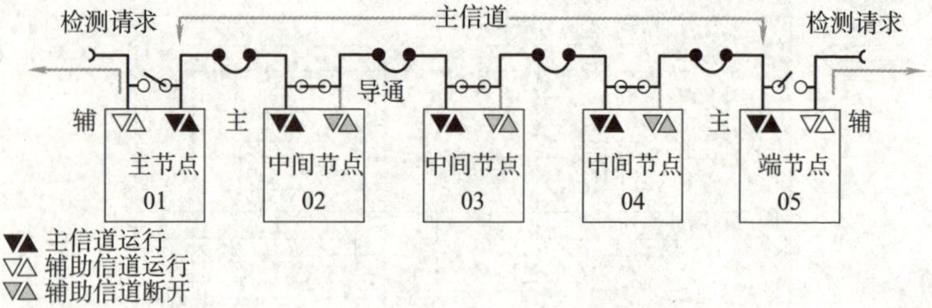

图 4-32 典型的已命名的组成

如果主设备自身是 E 端节点，仍发送存在请求给自己，并以存在应答响应，因此所有其他节点可以监控它的存在。

存在请求的接收引起端节点在辅助信道上发送一个检测请求。只要没有其他节点连接，一个端节点接收不到检测应答帧检测应答就在存在应答中报告“没有找到”。图 4-33 显示一个已命名的组成，对于该组成，一个附加的、未命名的节点 7F 被连接。

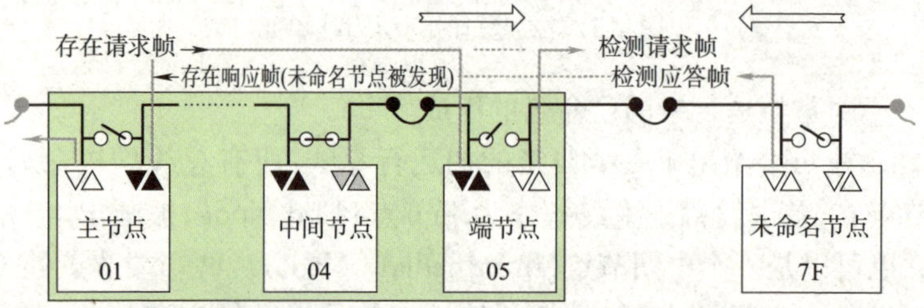

图 4-33 一个附加节点连接到已命名组成

为简化绘图，仅仅一个中间节点(04)出现在已命名的组成中。当两个端节点实现电连接后，通信就被建立起来。

未命名的节点 7F 收到一个来自端节点 05 的检测请求(Detect Request)，它以一个检测应答(Detect Response)回应表示它是一个未命名节点。端节点 05 接收这个检测应答，然后用存在应答发送一个表明未命名节点出现的信号给主设备。

8. 初运行的决定

端节点对主设备报告一个附加节点时，主设备决定初运行是否可能。例如，列车速度高于 5 km/h 时，应用可能禁止初运行。为此，所有节点被轮询过程数据(Process Data)时声明它们的应用的决定，只要一个节点不同意，初运行就被禁止。主设备在存在请求中重发节点的决定。

如果所有节点都允许初运行，主设备停止日常运行，执行初运行。

9. 取消命名

为在确定的基础上开始，主设备取消所有它控制的节点的命名，重命名这些节点和附加节点。为此，主设备连续三次对其组成中的所有其他节点广播一个取消命名请求(Unname Request)。

已被"取消命名请求"明确取消命名的节点通过进入端设置在打断总线前等待一定时间，并采用更长的超时时间以防止命名期间它们作为弱主设备出现。

在端设置中，主设备设置自己为独立主设备状态。

所有节点发送取消命名信号给各自的应用。

10. 开始

未命名节点，主设备在每个方向上均发出一个检测请求(Detect Request)，如图 4-34 所示。

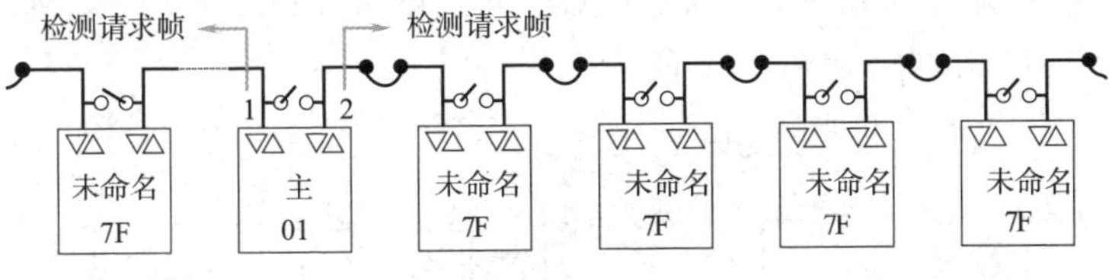

图 4-34　未命名节点

主设备将在方向 1(Direction 1)和方向 2(Direction 2)上命名节点，从首先用检测应答(Detect Response)响应检测请求(Detect

Response)的方向开始。

主设备以降序(63,62 等)命名在方向 1 上的节点,在方向 2 上以升序(2,3,4 等)命名节点。

11. 命名

每个节点命名节点的方案都一样,图 4-35 给出了一个未命名节点如何进入已命名的组成。

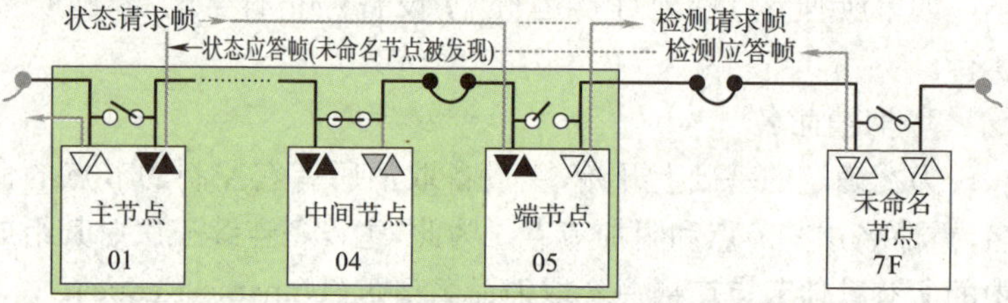

图 4-35 未命名节点进入总线过程

主设备发送一个状态请求(Status Request)给节点 05,使该节点发送一个检测请求(Detect Request),未命名节点以检测应答(Detect Response)响应。在状态应答(Status Response)中,端节点(End Node)05 向主设备报告一个未命名节点的存在。然后主设备用设置中间节点请求帧[设置中间节点请求(SetInt Request)]切换节点 05 为中间节点,端节点 05 靠一个设置中间节点应答帧[SetInt Response(设置中间节点应答)]以及关闭总线开关回复请求帧,如图 4-36 所示。

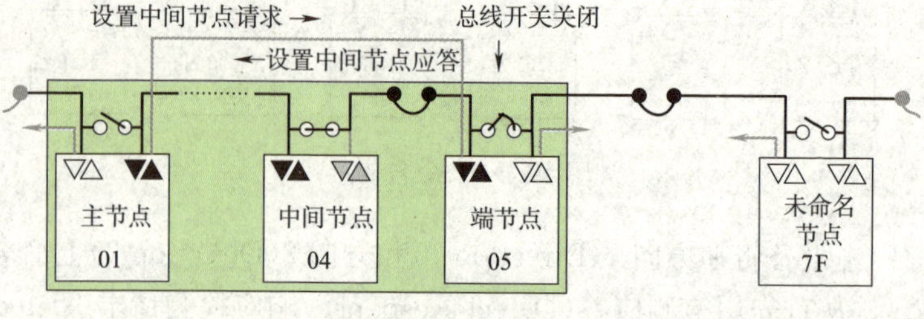

图 4-36 设置中间节点

主设备现在能直接访问未命名节点，并发送一个命名请求帧［Naming Request（命名请求）］以分配地址“06”给新节点，该节点以一个命名应答帧［Naming Response（命名应答）］确认命名，如图 4-37 所示。

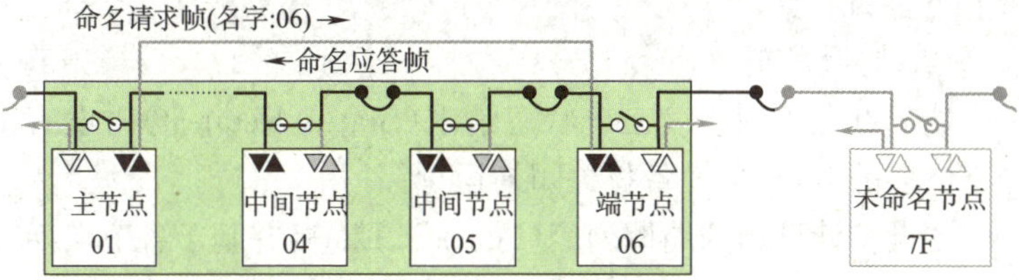

图 4-37　命名

先前未命名的节点成为组成中新的端节点（End Node），它关闭自己的辅助信道并在主设备方向上接通主信道（Main Channel）。

在允许信道交换的时间段后，主设备发送一个状态请求帧［Status Request（状态请求）］给节点 06，新的端节点（End Node）以状态应答帧［Status Response（状态应答）］应答，该应答帧包含给出新命名节点类型和版本的节点描述符（Node Descriptor），过程数据（Process Data）的帧尺寸和期望的轮询周期。

状态请求（Status Request）也使端节点（End Node）发送检测请求（Detect Request）给开放的端以检测更多节点，如节点 05 的情况。

如果状态应答（Status Response）报告有额外的节点，主设备发送一个设置中间节点请求（SetInt Request）以设置端节点（End Node）06 为中间节点，并命名下一个节点为 07。

每个附加节点的加入要求四个报文，每个报文占用 250 μs：状态请求/状态响应；检测请求/检测响应（交叉的）；设置中间节点请求/设置中间节点响应；命名请求/命名响应。

从端设置到中间设置的切换要求等待 10 ms，在这期间总线不能使用。继电器关闭时间决定着命名间隔时间。因为主设备每25 ms 命名一个节点,因此命名 32 个节点需 800 ms。

每次在一个方向上命名一个节点后,主设备在相反方向上用状态请求帧与它命名的许多节点通信,状态请求可能又报告反方向上更多的节点。

12. 构形发布

端节点在收到连续三个状态请求(Status Request)时没有报告有更多的节点,主设备将关闭初运行。

主设备计算新的周期列表(Periodic List),并基于各节点期望的周期[Node Period(节点周期)]和帧尺寸[Node Frame Size(节点帧尺寸)]计算各节点的特征周期(Individual Period)。

主设备建立构形,即包含所有节点、地址、节点类型和版本以及一个唯一标识初运行的主设备拓扑(Master Topo)的数据结构,如图 4-38 所示。

图 4-38　构形

然后主设备通过构形请求帧给每个从设备发布构形,每个从设备以构形应答帧答复请求帧。

所有从设备确认收到新构形后,主设备等待一个基本周期以允许所有节点更新它们对过程数据的解码,然后主设备进入日常运行开始为过程数据轮询节点。

13. 主设备冲突

一个总线段里同时只有一个运行的主设备。如果由于某些原因列车里的主设备不止一个,每个主设备将控制列车的不同部分。

例如,这种情况发生在两个列车连挂时:两个末端节点交换检测请求(Detect Request)和检测应答(Detect Response),向各自的主设备报告出现一个强节点控制的已命名的节点。

图 4-39 显示了两个已命名组成 α 和 β 相会的情况。因为两个组成都已命名,因此两个端节点(α05 和 β62)都发送检测请求(Detect Request)。

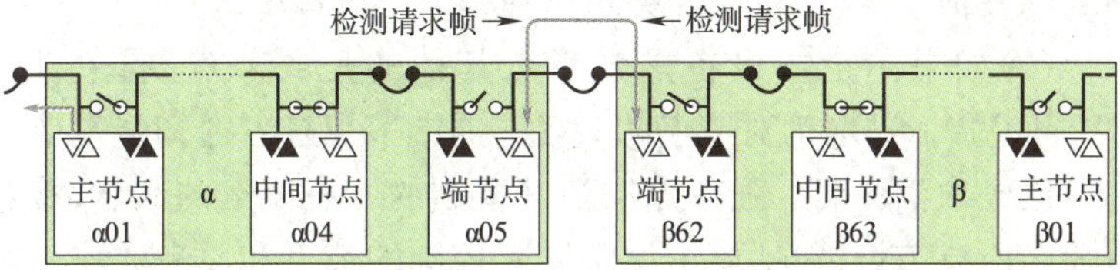

图 4-39　两个已命名组成的连挂

正常情况下,有一个端节点先发送请求帧。例如,如果 α05 先发送它的检测请求(Detect Request)给端节点 β62,该节点将用检测应答(Detect Response)回复。

如果节点 α05 和节点 β62 同时发送它们的检测请求(Detect Request),一个冲突发生,帧将出错并丢弃。节点将稍后重试。

为减少冲突的出现,端节点多数时间是在监听而不是发送。为避免再次冲突发生,检测请求(Detect Request)的间隔随机。稍后,两个主设备都被通知远端组成的强度及是否对方的组成被强主设备命名。

如果已命名,主设备们将不会再命名对方总线段,但是它们将通知应用(列车司机)其他组成(主设备冲突)出现。

一个主设备将尝试让另一个主设备命名它的节点,例如,第二列车的列车司机拿走钥匙,降级该节点到从设备状态,以前被这个主设备控制的节点取消自己的命名并被另一个主设备重命名。

14. 弱主设备(Weak Master)冲突

多个节点可能同时成为弱主设备,开始命名各自相邻节点,直到两个已命名的总线段冲突。这种情况下,弱主设备之一强迫自已重命名其他段的节点。

为此,每个检测请求或应答传送组成强度,例如,主设备是强节点还是弱节点,已命名多少节点。

更多的步骤依赖于主设备强度:

(1)如果组成都被强节点控制,双方各自通知应用检测到不能命名的其他节点(主设备冲突),直到一个主设备重试。

(2)如果一个主设备是强节点其他的是弱节点,弱主设备(Weak Master)取消对节点的命名。弱端节点接着通知强端节点自己已经取消命名。强节点取消其控制的所有节点的命名,接着重命名所有节点,包括弱主设备原来控制的节点和原来的弱主设备本身。

(3)如果主设备都是弱节点,拥有最多已命名节点的一方获胜。如果组成包含相同数目的已命名节点,端节点之间决定哪一个域和节点获胜。仲裁过程确保总有获胜者。

15. 强度比较

在第一次成功交换检测请求(Detect Request)和检测应答(Detect Response)基础上,一个组成屈服另一个坚持,或者双方都坚持。对屈服或坚持的决定取决于两个组成各自的强度。

组成的强度等于它包含的已命名的节点数量。一个端节点在给其他端节点的检测请求和检测应答中指出自己组成的强度,在端节点的应用开始初运行时,端节点也这么做。

当一个 End Node(端节点)检测到其他端节点时,它们比较各自的强度并决定哪个组成更强:

(1)如果强度不同,较强组成的节点坚持,弱节点屈服。这确保最大组成的主设备保持控制总线。

(2)如果两个组成强度相同,End Node(端节点)决定哪个屈服哪个坚持。如果没有一端是强的,那么最先从其他节点中收到 Detect Request(检测请求)的 End Node(端节点)“屈服”并降低强度(靠清除它的“坚持”位),其他节点不改变强度。

End Node(端节点)完成的强度比较不会引起初运行。End Node(端节点)都继续发送检测请求帧，但它们用 Presence Response(存在应答)发送组成改变和远端组成强度到相应的主设备。如果 End Node(端节点)报告一个更强组成或者一个未命名节点，一个主设备开始初运行，但是必须主设备组成中的所有节点和远程组成都允许。

松散组成的主设备广播一个 Unname Request(取消命名请求)来明确取消它的节点的命名，然后取消自己的命名。

获胜的组成的主设备也明确取消节点的命名，但它保持总线主设备地位并立即开始重命名所有节点。

没有节点被检测到时，主设备关闭初运行并发布构形，此后才恢复常规运行。

注：重命名获胜组成的所有从设备是必要的，它避免了降级模式状态出现。

16. 主设备恢复

从主设备失效中恢复的机制依赖于每个节点成为弱主设备的能力。因为恢复可能随时发生，恢复机制决不能被禁止。主设备丢失时，端节点停止被查询。如果一个节点丢失存在应答(Presence Response)三次，它将检测总线是否变短，取消自己的命名并通知应用总线中断。在此状态下，在等待重新命名的时间内，端节点监视检测请求(Detect Request)。如果它检测到没有通信，节点进入弱主设备状态并开始命名它检测到的节点。

为避免多个主设备同时成为弱主设备，成为弱主设备的时间间隔依赖于节点到原主设备的距离，该距离由总线中断前的节点地址表示。

第一个未命名节点占据主设备身份后开始重命名总线并阻止其他节点成为主设备，因为它可以在某个节点的等待命名超时前命名并包含这个节点。原主设备再次成为主设备的可能性最大。

17. 总线变短

当总线偶然或故意断开时，节点或节点组被分离。即使应用禁止初运行，只要总线变短依然将引起初运行，因为变短中断了总线。

图 4-40 显示了组成分离为两个半段：α 和 β。

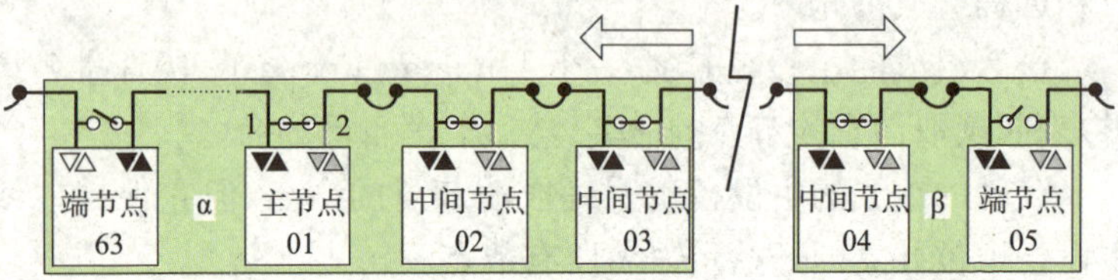

图 4-40　总线变短

原节点以不同方式对待总线变短：

(1)因为没有主设备，β 段的节点不会再接收任何帧。

(2)α 段的节点依然连于主设备上，但因总线没有恰当地宿，一些节点可以接收帧，另一些则不行。主设备不了解节点状态因而继续轮询。

(3)在两个半段，主设备恢复过程用于在总线变短时恢复。一个节点不能区分主设备失效和总线变短。

(4)如果一个节点连续三次丢失存在应答(Presence Response)，则认为发生了总线中断(即使它可能继续接收其他帧)，并根据依赖于原地址的等待命名超时取消自己的命名。

(5)因为超时的交错，原主设备将重命名与其附挂的总线段的剩余节点。

(6)在其他半段上，可能距离分离点最近的节点成为主设备。

18. 加电时主设备的选择

加电时，节点不保留以前地址的内存并采用“未命名”地址。在节点成为(弱)主设备前，给它最长的等待命名时间。

如果许多节点附挂于一个总线段，可能出现多个节点同时成为弱主设备，这将引起已命名的组成冲突。这种情况下，争用过程确保具有最大命名的组成重命名其他部分。

初运行时，获胜主设备不取消其组成的命名，因此最坏情况下，初运行的完成将占用两次没有竞争初运行的时间。

19. 加电、睡眠模式和插入

无源节点处于中间设置，它的行为是被动的。当一个节点已加电而且不能重新集成总线时，如果没有设禁止位，它将进入端设置并引起下面结果：

(1)如果节点位于总线中间，节点中断总线并强制一个再次插入节点的初运行。应用承受这种情况好像承受端节点或主设备失效的恢复一样。

(2)如果节点在总线的一端，与总线加长的情况一样，将响应检测请求。

为了在列车没有运行时节电，节点可以进入睡眠模式。这时，仅介质附挂单元的一部分在运行，足够检测总线上的有效帧。睡眠节点处于端设置，意味着总线不能运行。

每个节点为进入睡眠模式向主设备发信号，主设备收集所有节点的睡眠请求。当所有节点(包括主节点)都声明睡眠请求时，主设备进入睡眠状态。

只要取消节点睡眠命令，节点就可以被应用或被已唤醒节点发出的总线信号唤醒。因为处于低功耗状态的节点不能读帧中的内容，介质附挂单元指示收到有效帧。

20. 节点描述符的改变

(1)信号改变

日常运行时应用可以任何时候改变自己节点的节点描述符(Node Descriptor)。因为节点描述符唯一定义节点发送的过程数据格式，因此节点在收到新的构形后(和其他节点一起)才发送过程数据。主设备应重组周期列表，所有节点可以改变它们的编组表。为通知描述符改变，节点在过程数据或消息数据帧中设置相应的数据位。在周期相(Periodic Phase)结束时,主设备将要求取得这个节点的状态并将其节点描述符插入到构形中,该构形无需新的初运行就可以分给所有节点。

(2) 运行时提升到强节点

应用可以任何时候选择一个节点作为强节点:

1)如果选择的节点不是一个弱主设备,则进入端设置,命名自己为01,为检测其他节点在各方向上开始发送检测帧。

2)如果选择的节点已经是一个(弱)主设备,下一个偶发相该节点将发布更新后的构形。主设备过程数据(Process Data)报文格式依赖于它是否是一个强节点。

(3)强主设备(Strong Master)降级

当应用降级一个强节点,该节点转为弱主设备状态。在继续日常运行前,它向所有节点发送新的构形。主设备强度的改变影响过程数据(Process Data)帧的格式,这依赖于应用。

4.3.12 WTB 主设备冗余

冗余需要多主设备结构来保证单个设备的失效不会导致其他设备停止运行。

弱主设备(Weak Master)方案允许在初运行后指定新的主设备。为此,每个节点检测端节点(End Node)的存在以观察总线的活动。假如活动停止,表明主设备丢失或线路中断,节点就取消自己的命名。在一个确定的超时后,一个弱节点(Weak Node)成为弱主设备(Weak Master),并开始重命名其他节点。超时时间依赖于以前的地址以防止同时唤醒多个弱主设备(Weak Master)并减少冲突。总线在一小段时间后恢复运行,依赖于节点的数目。

在依赖于强节点(Strong Node)的应用中,有必要指定另一个节点作为备用强主设备。

在 WTB 标准中并没有关于强主设备冗余的推荐方法。但在应用中可以用一个主设备作为在线主设备而将其他主设备作为备用主设备的方法来处理强主设备(Strong Master)冗余。这两个主设备在物理上独立并通过直接通信同步。如图 4-41 所示。

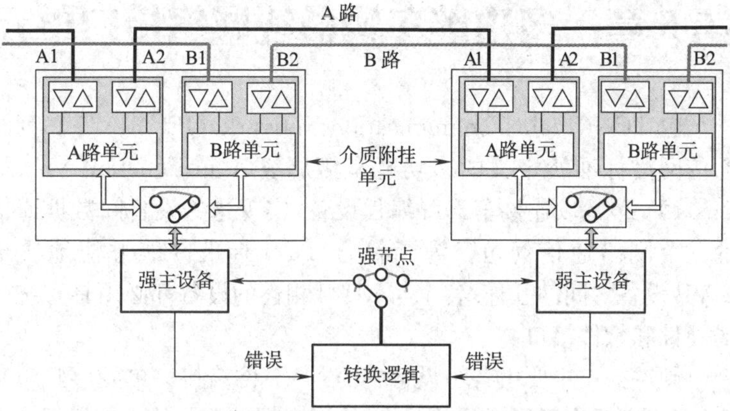

图 4-41　主设备冗余

备用主设备除了不发送帧之外在行为上与在线主设备类似。它连续地监督主设备的活动。假如主设备失效并在一定时间停止发送,备用的主设备接管原来的主设备。

第 5 章　多功能车辆总线网络接口单元

由 TCN(Train Communication Network)(IEC 61375-1)列车通信网络标准所定义的多功能车辆总线(Multifunction Vehicle Bus,MVB)是以连接车载可编程设备,实现这些设备间数据通信的一个网络通信规范。为了符合 TCN 标准并能方便地实现 MVB 设备之间的互连,各个与 MVB 相连的设备都必须具有统一的硬件和软件接口。

硬件接口主要由各个设备中的 MVB 网络接口单元(网卡)实现,网卡实现物理层信号的转换,执行数据链路层的通信规程。其基本任务是将主机或其他网络设备发送的数据送入网络,或从网络中接收其他设备发来的数据并将它送给主机。

软件接口则实现 MVB 链路层服务功能,为高层提供服务及服务访问接口,从而屏蔽底层协议,提供透明的、可靠的链路通路,方便用户使用。所有与 MVB 连接的设备通过 MVB 网络接口单元访问 MVB 总线。

MVB 网络接口单元在 MVB 网络中占有重要地位,是网络通信的主要瓶颈之一,它的品质和兼容性的好坏将直接影响网络的性能,只有优质、可靠的 MVB 网络接口单元才能真正的保证网络的安全和高效。本章详细讨论两种 MVB 网络接口单元的工作原理、软硬件结构、软硬件资源以及主机与用户的接口方式。

5.1　MVB—Ⅰ型网络接口单元

根据 MVB 设备的类别和功能,在 MVB 中,主要存在两种类型的网络接口单元(简称为网络接口卡),称为 MVB—Ⅰ型网络接口单元和 MVB—Ⅱ型网络接口单元。本文所介绍的 MVB—Ⅰ型网络接口单元和 MVB—Ⅱ型网络接口单元是基于 FPGA 技术，运用硬件描述语言，将 MVB 协议部分逻辑综合，嵌入 FPGA 芯片中。

MVB—Ⅰ型网络接口单元的硬件结构如图 5-1 所示。

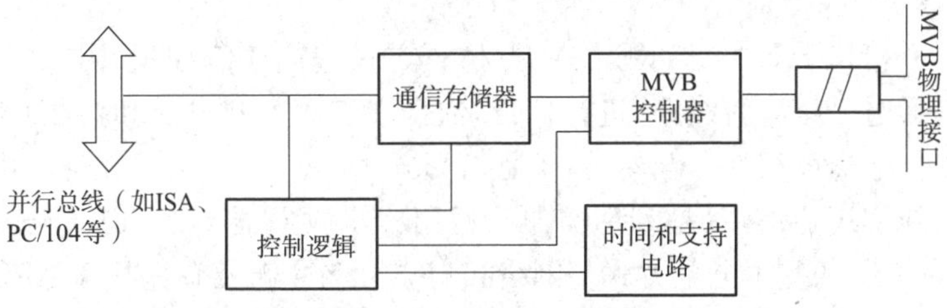

图 5-1　MVB—Ⅰ型网卡结构

该网络接口单元上没有应用处理器，可以用作 TCN 定义的 1 类和 2 类设备的网络接口单元，具有过程数据传输功能。其中并行总线接口为网络接口单元和主机之间的数据通信提供并行通道，并行总线可为 ISA 总线、PC/104 总线等。

控制逻辑采用可编程逻辑器件 PLD（Programmable Logic Device），用户可以通过逻辑设计方便地改变硬件设置，以适应不同总线的接口要求。

MVB 控制器把来自于总线的串行化信号转换为并行的数据字节，也把需要发送的字节交由串行化电路发送到传输介质上。控制器内部包含编码/译码电路和控制通信存储器所需的逻辑电路，用来控制帧的发送和接收（如冲突检测、帧的前导比特处理、CRC 校验位处理等），对输入帧译码并检验其有效性，把数据存放到相应的通信存储器中。

双端口通信存储器是主 CPU 与 MVB 控制器之间共享存储器，可以存储经由 MVB 总线传输的所有数据，主机 CPU 通过并行总线实现对它的读写操作。MVB 物理接口把来自于总线上的信号转换为解码电路可识别的数字电平。

时间和支持电路保证所有功能模块的正确操作。

MVB—Ⅰ型网络接口单元与主机之间的接口有两种方式，即UART仿真(UART Emulation)方式和双口RAM方式。

5.1.1 UART仿真方式

接口卡与主机利用UART仿真方式进行通信，即数据“好像是通过一根串行线路”进行传送，数据以连续方式发送和接收，所以传输速度很快。当然，由于是仿真方式，所以并不是真正通过串行线实现通信，只是利用类似于通用异步收发器UART16C450/16C550的基本通信方式。网络接口单元与主机接口采用UART仿真方式，在通信之前，必须对这些UART仿真寄存器进行配置。MVB—Ⅰ型网络接口单元只仿真使用了三个UART寄存器，即接收器数据寄存器RBR(Receiver Buffer Register)，发送器保持寄存器THR(Transmitter Holding Register)，通信线状态寄存器LSR(Line Status Register)。发送器保持寄存器、接收器数据寄存器、通信线状态寄存器具体功能如下：

(1)接收器数据寄存器RBR：只读寄存器。可以由RBR中读取MVB协议控制器(网络接口单元上功能芯片)发送给主机的数据。如果没有新的数据更新，协议控制器最后一次发送的数据将保留其中。RBR数据的读取由LSR寄存器控制。

(2)发送器保持寄存器THR：只写寄存器。主机写到其中的数据将由MVB协议控制器发送到MVB总线上。THR也是由LSR寄存器控制。

(3)通信线状态寄存器LSR：给主机提供关于数据传输的信息。用于控制宿主机与网络接口单元的数据流。主要涉及到两个标志位DR(Data Ready)和THRE(Transmitter Holding Register Empty)。当MVB协议控制器将数据送入RBR中时DR置位，提示有新的数据到来；当主机将数据从RBR中全部读出，DR自动清零；当 MVB 协议控制器将 THR 中的数据读出以后 THRE 置位，提示主机可以将待发数据送入 THR，在主机将数据发送到 THR 的同时 THRE 清零。

图 5-2 所示为网络接口单元的通信结构。主机并行总线将 MVB 网络接口单元连接到宿主机。宿主机根据 UART 仿真寄存器组的标志寄存器内容，发送相应的配置命令、发送数据命令以及接收数据命令给 MVB 网络接口单元。命令处理器解析宿主机的命令，完成命令的实施。

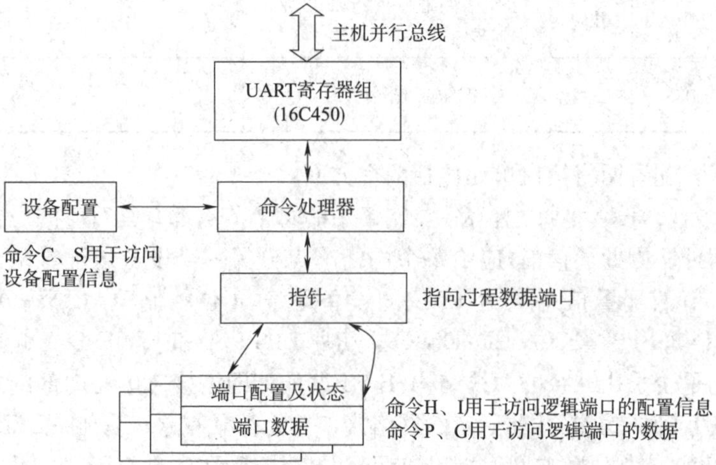

图 5-2　UART 仿真通信的基本功能模块

MVB 网络接口单元提供一系列命令给宿主机用于访问 UART 寄存器组，完成通信。

表 5-1 列出了完成初始化网络接口单元、配置网络接口单元和进行通信所需的命令。其中代码 C、S、H、I 命令用于配置网络接口单元；代码为 P、G 命令用于执行通信，负责从 UART 的 RBR 寄存器读取数据或者发送数据到 THR 寄存器。命令代码只是为了标识命令。执行上述命令时，宿主机将命令值发送到 UART 的

THR 寄存器,然后根据表 5-1 说明的动作。

表 5-1　网络接口单元命令

命令代码	命令值	宿主机发送到 THR 的信息	宿主机从 RBR 接收的信息
C	0x43	2 字节设备配置信息	
S	0x53		2 字节设备配置信息
H	0x48	1 字节的端口指针和 2 字节的端口配置信息	
I	0x49	1 字节的端口指针	2 字节的端口配置信息
P	0x50	1 字节的端口指针和 32 字节的端口数据	
G	0x47	1 字节的端口指针	1 字节的端口状态和 32 字节端口数据

配置网络接口单元包括两个方面:

(1)设备地址配置命令:网络中的每个节点都有其对应的设备地址。因此通信前,应给每个网络节点分配一个设备地址。两个字节的配置信息包括 12 位的设备地址、4 位控制位(LINE A, LINE B,BA EN,LED/DNR)。其中 LINE A 和 LINE B 一起控制是否采用冗余的总线结构;BA EN 使能网络接口单元内部的总线管理器功能(并非所有的网络接口单元都具有这一功能);LED/DNR 控制位影响网络接口单元上的信号指示灯,方便调试。另一方面,宿主机也可以读取网络接口单元的设备地址信息。通过发送一个“S(0x53)”命令,然后读取两次 UART 的 RBR 的值,即为本节点的配置信息,读取的数据格式与宿主机发送的配置信息一致。

(2)逻辑端口配置命令:根据 TCN 标准,每个过程数据端口由 12 位的逻辑端口地址来标识,每一个逻辑端口对应一个过程数据集。因此参与通信的网络接口单元上应根据需要配置相应的逻辑端口,并定义端口的数据集大小以及端口的性质。其中两个字节的逻辑端口配置信息包括:12 位的逻辑端口地址、3 位控制数据集大小的信息位、1 位控制逻辑端口性质(宿端口:根据主帧接收数据集;源端口:根据主帧发送数据集)。每个逻辑端口有各自的"端口指针"标识,以简化数据通信命令。

执行数据通信包括发送数据到 UART 的 THR 以及从 RBR 接收数据,具体情况如下:

(1)应用层发送数据到网络接口单元:主要用于将源端口的数据集从应用层拷贝到网络接口单元。UART 的 THR 寄存器不仅用于接收宿主机发给网络接口单元的命令字,同时还要接收宿主机传递过来的数据集。由于每个 UART 寄存器为一个字节,因此当定义的数据集的大小为 256 bit 时,对应每个逻辑端口宿主机要连续发送 34 个字节到网络接口单元 THR。

(2)从网络接口单元读取数据到应用层:主要用于将宿端口的数据从网络接口单元拷贝到应用层。接收数据使用命令"G"。

主机在发送第一个数据字节到网络接口单元,以及从网络接口单元接收第一个数据字节之前,必须等待标志位(LSR 中的 THER、DR)置"1"。执行数据通信命令的具体过程如图 5-3、图 5-4 所示。

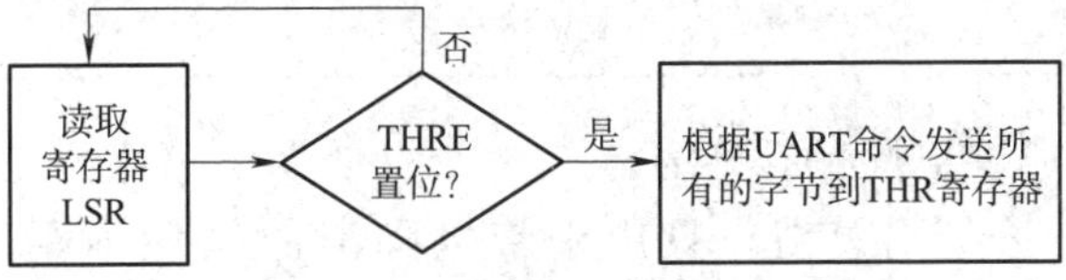

图 5-3　发送数据到 THR 寄存器

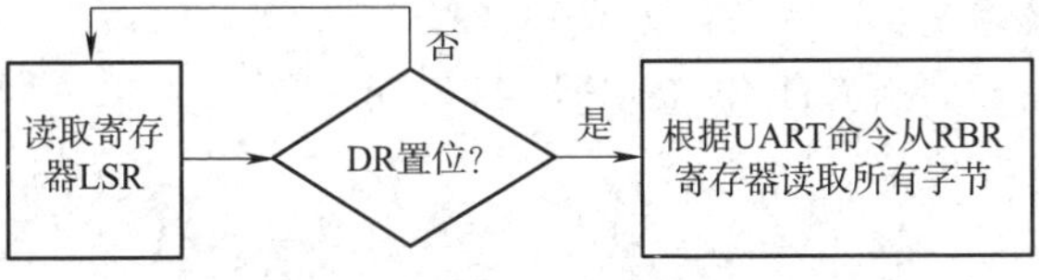

图 5-4　从 RBR 寄存器接收数据

5.1.2 双口 RAM 方式

在 UART 仿真模式中,主机通过一系列的命令并利用仿真 UART 寄存器的寄存器组对通信存储器进行配置和访问,已达到数据传输的目的。而在双口 RAM 方式下,将一些描述通信存储器特性的寄存器映像到主机的 I/O 地址空间或内存空间,主机通过 I/O 命令或直接内存访问可以直接访问这些寄存器,获得通信存储在其内存地址空间的位置和容量,这样就灵活解决了通信存储器的尺寸及定位问题。这组寄存器包括板控寄存器 BCR(Board Control Register),板地址设置寄存器 BASR0、BASR1(Board Address Setup Registers)。

BCR 定义了中断结构和一些通用信息,见表 5-2。

表 5-2 BCR 各位的定义

<table>
<tr><td>15</td><td>14</td><td>13</td><td>12</td><td>11</td><td>10</td><td>9</td><td>8</td><td>7</td><td>6</td><td>5</td><td>4</td><td>3</td><td>2</td><td>1</td><td>0</td></tr>
<tr><td>SD</td><td>×</td><td>EB</td><td>MR</td><td>LED</td><td>×</td><td>×</td><td>×</td><td colspan="4">INT1</td><td colspan="4">INT0</td></tr>
<tr><td colspan="16">读/写</td></tr>
<tr><td>0</td><td>0</td><td>0</td><td>1</td><td>0</td><td>0</td><td>0</td><td>0</td><td colspan="4">0000</td><td colspan="4">0000</td></tr>
<tr><td colspan="16">复位状态</td></tr>
</table>

表 5-2 中各位的含义为:

SD——禁用总线。只用于带电隔离的电气中距离介质,MVB 控制器芯片过热时置位,正常工作时为“0”。

EB——允许设置 BASR 寄存器。正常访问通信存储器时,该位必须被置位。

MR——复位 MVB 控制器。

×——保留。

LED——驱动指示灯。

INT0/INT1——MVB 控制器中断号。

以上各位在上电时处于复位状态。

BASR0 称为“地址比较寄存器”，其中各位的含义见表 5-3。

表 5-3　BASR0 各位的含义

15	14	13	12	11	10	9	8	7	6	5	4	3	2	1	0
AC23	AC22	AC21	AC20	AC19	AC18	AC17	AC16	AC15	AC14	AC13	AC12	AC11	AC10	AC9	AC8
读/写															

BASR1 称为“比较使能寄存器”，其中各位的含义见表 5-4。

表 5-4　BASR1 各位的含义

15	14	13	12	11	10	9	8	7	6	5	4	3	2	1	0
CE23	CE22	CE21	CE20	CE19	CE18	CE17	CE16	CE15	CE14	CE13	CE12	CE11	CE10	CE9	CE8
读/写															

通过对 BASR0、BASR1 这两个寄存器的各位进行设置，可以动态地定义通信存储器的起始地址和尺寸，AC(23，…，8)和 CE(23，…，8)对应于主机 CPU 地址 AC(23，…，8)。当 BASR1 的某个 CE 位被置位时，BASR0 对应的 AC 位与 CPU 的地址位需进行比较，而 BASR1 的某个 CE 位没有被置位时，则 BASR0 对应的 AC 位不与 CPU 的相应地址位进行比较。如果 BASR0 中所有与置位的 CE 位对应的 AC 位与 CPU 的地址相匹配，则接口卡被选中。

这里，简单介绍一下 BCR 和 BASR 寄存器在主机中两种映射方法地址空间的计算方法：

(1)I/O 地址映射：若 BCR、BASR 寄存器映射到主机的 I/O 地址范围为 0x320～0x325，则 BASR0 的地址为 0x320～0x321，BASR1 的地址为 0x322～0x323，BCR 的地址为 0x324～0x325。

(2)内存地址映射：在这种方式下，BCR 和 BASR 占据通信存储器的最高位地址，例如，通信存储器在主机方内存映射的起始地址是 0xD0000，尺寸为 64 kB(0x00000～0x0FFFF)，则 BCR 的地址为 0xDFFFE～0xDFFFF，BASR0 的地址为 0xDFFFA～

0xDFFFB,BASR1 的地址为 0xDFFFC～0xDFFFD。

如同 UART 仿真方式,主机和网络接口卡采用双口 RAM 方式进行信息交换,为使网络接口卡进入正常工作状态,主机也应对之进行初始化操作,包括:

(1)主机自测例程:主机进行上电内存和端口自测,在这个过程中,主机会向内存地址空间随机写入数据,所以在双口 RAM 模式下应保证预留给网卡的内存空间未被使用,而且这时网卡不能被激活。

(2)BASR 寄存器设置:把通信存储器起始地址除以 256 所得的值放入 BASR0,把通信存储器的尺寸减去 1 后除以 256,然后按位取反,所得的值放入 BASR1 即可。

(3)BCR 寄存器设置:根据具体情况设置 BCR 的值,先把 MR 的值设置为 1 而后设置为 0,已达到复位 MVB 控制器集成芯片的目的。

(4)初始化数据链路层接口,准备开始通信。

5.1.3 UART 仿真方式和双口 RAM 方式比较

UART 仿真方式和双口 RAM 方式比较见表 5-5。

表 5-5 UART 仿真方式和双口 RAM 方式比较

参数 \ 方式	双口 RAM 方式	UART 仿真方式
地址资源	主机应预留 64～256 kB 的地址空间,不能被占用,对于地址空间有限的系统,这种方式不合适	仅占用 8 个字节(8 个寄存器)
数据一致性	为保证数据的一致性,读取宿端口数据的速度要快于 MVB 的基本周期	没有要求,读寄存器的值即可
数据总线宽度	不支持 8 位数据总线	支持 8 位数据总线
状态要求	主机方必须支持等待状态要求,最大等待时间依不同总线类型而定	没有要求
传输速率	以读取 32 字节的端口为例,DPM 方式为 19～34 μs	38～42 μs

5.2　MVB—Ⅱ型网络接口单元

MVB—Ⅱ型网络接口单元上有本地 CPU，是一种主动型网络接口单元，用作 TCN 定义的 3 类及 3 类以上设备网络接口单元，实现过程数据和消息数据通信，其硬件结构如图 5-5 所示。

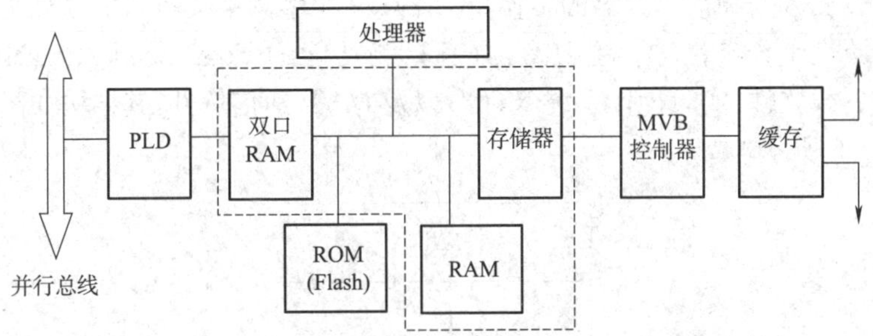

图 5-5　MVB—Ⅱ型网卡结构

5.2.1　MVB—Ⅱ型网卡结构

图 5-5 中并行总线接口为网络接口单元和本地其他单元（可以是主 CPU、I/O 单元以及外界通信接口单元）之间的数据通信提供并行通道。板内的可编程器件 PLD 可以被用户动态配置，以改变硬件设置，满足不同总线接口需求和具体的应用方式。MVB—Ⅱ型网络接口单元与主机之间的接口和 MVB—Ⅰ型网络接口单元一样也可以有两种方式：UART 仿真方式和双口 RAM 方式。

接口卡上的 Flash ROM 中固化有系统的引导装入程序 Boot Loader 和可以下载代码的用户空间。微处理器和 ROM、RAM 一起共同控制板上的信息流向，具体任务和功用依工作模式不同而不同。卡上的其他部分如总线控制器、通信存储器以及 MVB 物理接口等功能与 MVB—Ⅰ型网卡的对应部分功能类似。图 5-5

上虚线内的双口 RAM、系统 RAM 以及通信存储器可以是同一个集成存储芯片的不同存储区域,也可以是三个独立的 RAM 芯片,视具体应用而定。

5.2.2 软件结构

由于 MVB—Ⅱ型网络接口卡上有相应的微处理器,可以进行过程数据和消息数据的传输,较 MVB—Ⅰ型网络接口卡的软件资源是十分丰富的。主要有:具有自测功能的 Boot Loader、Flash 下载软件、实时操作系统 RTOS 以及 MVB 通信软件,其结构如图 5-6 所示。

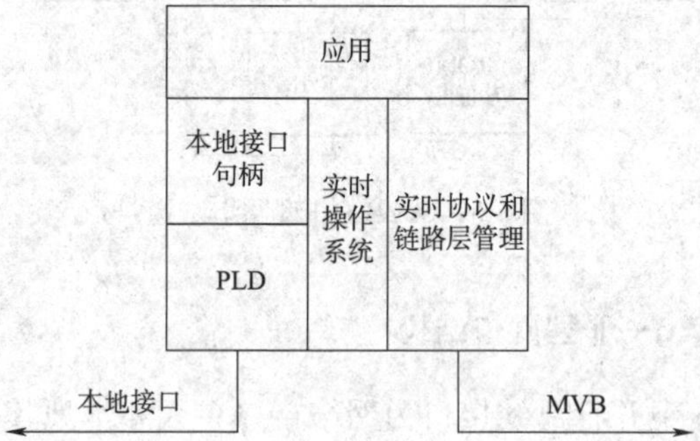

图 5-6 软件结构

在 MVB—Ⅱ型网络接口卡上的 Flash ROM 中驻留有 64 kB 的引导装入程序 Boot Loader,为使用者提供标准的基于文本模式的交互界面,其功能主要有:

(1)对硬件进行上电后的初始化处理。

(2)执行硬件特定的自测程序。

(3)执行应用软件,并在应用程序执行之前,Boot Loader 会提示用户输入应用程序的起始地址,以实现不同功能,如 MVB 服务器功能、MVB 总线管理器功能。

(4)管理 Flash Memory,如软件下载等。

实时操作系统RTOS管理本地CPU的所有资源，如内存、信号机、报文队列等。实时协议RTP和链路层管理LL为MVB通信提供服务，主要是MVB总线控制器和通信存储器之间的信息交互传递，实现TCN标准中规定的基本协议，如链路层主、从帧的组织、发送以及差错处理等。本地接口处理机Local Interface Handler连同逻辑可编程器件PLD控制MVB—Ⅱ型网络接口卡与外部单元的通信，PLD的可编程性为不同总线的接口和友好的用户接口方式提供了方便；应用软件执行特定的应用任务，如执行总线管理器软件等。

5.2.3　工作模式

由于MVB—Ⅱ型网络接口卡具有本地微处理器，其硬件接口又可以通过可编程逻辑器件PLD动态配置，因此，MVB—Ⅱ型网络接口卡可以有多种应用模式。

1. 独立工作模式

在这种模式下，MVB—Ⅱ型网络接口单元不与任何主机CPU以及其他单元发生联系，仅由并行总线（PC/104）提供所需的电源。此时网络接口卡若配置相应的总线管理器软件，就可以用作MVB总线管理器，而并不参与消息通信。

2. 从工作模式

在这种模式下，MVB—Ⅱ型网络接口单元是主机的一个智能化外围设备，主机通过PC/104总线对其进行控制。这种配置下，MVB—Ⅱ型网络接口卡通常用作MVB服务器，处理所有的与MVB实时通信相关的任务，从而减轻了主机CPU的负担。

3. 主工作模式

在这种模式下，MVB—Ⅱ型网络接口卡是PC/104总线的主CPU，它直接控制所有的I/O设备和其他外围设备。接口卡上除了运行MVB通信协议栈软件外，还运行应用软件，所以这种方式可以构成一个小而完整地 MVB 节点，但 CPU 任务繁重，进行消息数据传输时，需要实时多任务操作系统。

5.3 软件设计流程

MVB—Ⅱ型网络接口单元采用独立工作模式，只需电源供应，其通过检查软件密匙，解析节点数据库 NSDB（Node Supervisor Data Base）等步骤，在正常通信前，需对网络的参数进行配置。这些参数主要包括主设备参数，如基本周期、响应时间及查询策略；设备列表和设备扫描算法；周期列表及总线管理器列表（定义管理权的转让算法）等。对 MVB—Ⅱ型网络接口单元进行配置的流程图如图 5-7 所示。初始化接口卡和配置端口以及输入管理器对象是通过专用的配置工具软件生成配置文件，存放在 Flash 存储器中。在配置结束后，总线管理器则开始进行扫描、轮询等正常管理通信任务。

控制通信流程如图 5-8 所示。首先初始化 MVB 接口，分三步：清除 UART 仿真，停止 MVB 通信，关闭 MVB 过程数据端口。通常情况下，UART 仿真命令访问协议包括几个字节的发送和接收。如果这个访问协议被中断（如主处理器复位），UART 仍然保持在这个状态。这时可能处于下面三种状态：UART 仿真准备好接收一个新的命令；UART 仿真期望从主处理器获得更多的数据字节（从主处理器发送数据字节到 UART 仿真被中断）；UART 仿真期望发送更多的数据字节到处理器（从 UART 仿真到主处理器数据字节发送被中断）。

为了避免这些状态，UART 仿真将这些状态导入“准备好接收一个新命令”的状态，这就是清除 UART 仿真所做的内容。

为了保证不再发送错误的数据到 MVB 上，MVB 通信必须停止。是如果硬件不复位，已配置的 MVB 过程数据端口仍然是激活的，所以在初始化阶段必须将其关闭。

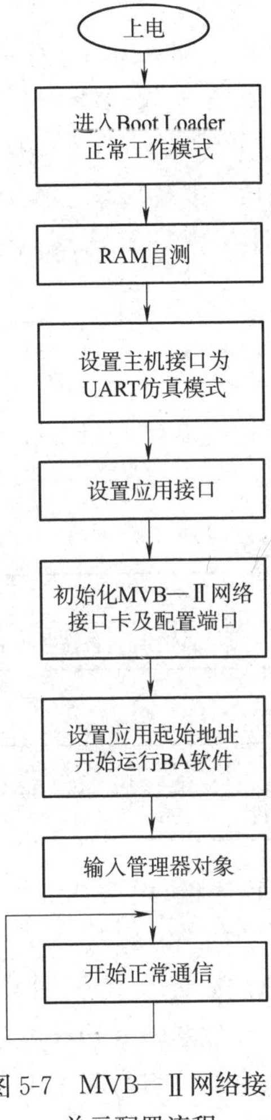

图5-7　MVB—Ⅱ网络接口单元配置流程

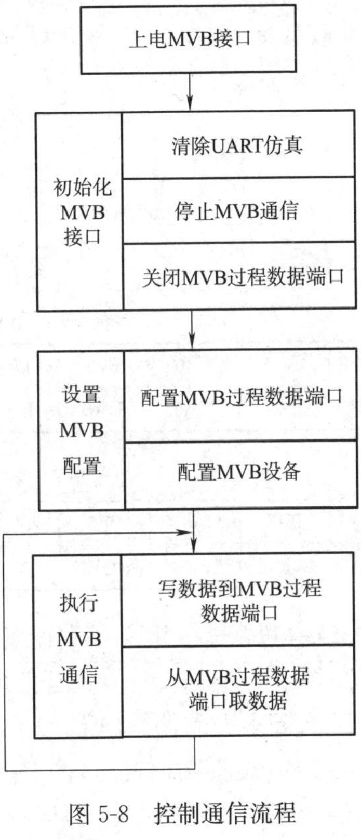

图5-8　控制通信流程

然后设置MVB配置，包括MVB过程数据端口配置和MVB设备配置。对MVB过程数据通信，MVB设备上所使用的端口必须被配置。一个端口由它的逻辑地址、长度和发送方向（源或宿）

来定义，端口的配置由“H”命令来完成。

MVB通信之前，必须配置MVB设备。配置由MVB设备的物理地址和输入线路来定义。该设备配置由“C”命令来完成。

在执行MVB通信模块中，MVB过程数据端口支持两类通信：写数据到MVB过程数据端口（源端口）；从MVB过程数据端口接收数据（宿端口）。这两类通信分别由UART仿真命令“P”和“G”来完成。

5.3.1 设备配置

设备配置参数必须为16位数值，包括高8位和低8位，见表5-6、表5-7。

表5-6 低字节位定义

位	Bit7	Bit6	Bit5	Bit4	Bit3	Bit2	Bit1	Bit0
值	DA7	DA6	DA5	DA4	DA3	DA2	DA1	DA0

表5-7 高字节位定义

位	Bit7	Bit6	Bit5	Bit4	Bit3	Bit2	Bit1	Bit0
值	Line A	Line B	BA EN	Res2	DA11	DA10	DA9	DA8

DA(11,…,0)定义了本设备的MVB地址，设备地址可以为TCN规定的0～4 095中的任意地址。

BA EN：此位使能内部BA功能。此位设置为1后，网卡将具备发送BA的能力。此时，网卡内部BA计数器将开始计数，经过一段时间后，如果总线上无其他设备发送主帧并且总线上无干扰，本设备将获得总线管理器权利，根据已经设置好的主帧表发送主帧。获得总线管理器权利后，如果网络接口卡检测到网络上其他设备发送主帧或者网络数据发生冲突，则自动中止总线管理器功能，其内部BA计数器将开始计数，经过一段时间后，如果总线上无活动，则重新获得总线管理器权利，如此往复。在配置主帧表时,主帧表中的最大无数据时间不可大于32 ms(要尽量充分占用总线带宽),否则,通信会出现混乱。

Res2:保留,应赋0。

Line A、Line B表示的意义见表5-8。

表5-8　Line A和Line B表示的意义

Line A	Line B	意义
0	0	MVB网卡处于空闲状态,即MVB网卡不从MVB总线上接收数据
0	1	只使用MVB B线接收数据(A、B线都发送)
1	0	只使用MVB A线接收数据(A、B线都发送)
1	1	冗余状态,使用A、B两个通道接收

禁止两个通道会使网卡处于空闲状态,这也是上电启动之后的状态。正常情况下,宿主中的程序只需在初始化阶段写一次设备配置数据,之后即不需要重新写入此数据。如果应用需要改变设备地址或接收通道,那么按以下过程重新写入配置数据:

(1)关断Line A与Line B。

(2)软件等待约250 μs(最长数据帧时间)。

(3)改变设备地址值或端口属性值。

(4)重新开启Line A与Line B。

5.3.2　端口配置

宿主发送到MVB网卡的数据有端口句柄和端口属性数据。其中端口句柄的取值范围为0~94,其他值不可用,否则会出错。端口属性数据包括12位逻辑地址、3位端口大小标志、1位源/宿标志。

端口属性见表5-9、表5-10。

LA(11,…,0)定义了端口逻辑地址,逻辑地址可以为TCN规定的0~4 095中的任意地址,并且与设备地址无关,任何地址都可以设为源或宿,并且可以设为任何大小。

表 5-9 低字节位定义

位	Bit7	Bit6	Bit5	Bit4	Bit3	Bit2	Bit1	Bit0
值	LA7	LA6	LA5	LA4	LA3	LA2	LA1	LA0

表 5-10 高字节位定义

位	Bit7	Bit6	Bit5	Bit4	Bit3	Bit2	Bit1	Bit0
值	SRC	FC2	FC1	FC0	LA11	LA10	LA9	LA8

FC(2,1,0)表示的含义见表 5-11。

表 5-11 FC(2,1,0)的含义

FC(2,1,0)	说明
0 0 0	端口大小 1 个字(16 bit)
0 0 1	端口大小 2 个字(32 bit)
0 1 0	端口大小 4 个字(64 bit)
0 1 1	端口大小 8 个字(128 bit)
1 0 0	端口大小 16 个字(256 bit)
其他值	未定义

SRC:源/宿标志。置位表示源,复位表示宿。

5.3.3 写端口数据

宿主发送到 MVB 网卡的数据有端口句柄和端口数据。其中端口句柄的取值范围为 0~94,其他值不可用,否则会出错。端口数据为 MVB 过程数据,从应用拷贝到通信存储器。

端口数据必须是 16 个字(32 字节),如果端口大下小于 16 个字,那么剩余位必须由宿主 CPU 填充,MVB 网卡会自动将多余数据抛弃。如果写的数据不到 32 字节,网卡将等待接收余下的数据。在此以前,不能处理其他命令。

5.3.4 读端口数据

宿主发送到MVB网卡的数据为端口句柄，MVB网卡发给宿主的数据包括端口状态、端口数据和刷新时间。其中端口句柄的取值范围为0～94，其他值不可用，否则会出错。端口数据为MVB过程数据，从通信存储器拷贝到应用。刷新时间分辨率为1 ms，最大时间为65.5 s，先读取低字节，后读取高字节。

端口状态见表5-12。

表5-12　低字节位定义

位	Bit7	Bit6	Bit5	Bit4	Bit3	Bit2	Bit1	Bit0
值	LAT	RLD	0	0	0	0	0	0

LAT、RLD表示的含义见表5-13。

表5-13　LAT和RLD表示的含义

LAT	RLD	说　　明
0	0	从B线收到数据，A线未受扰
0	1	从B线收到数据，A线受扰
1	0	从A线收到数据，B线未受扰
1	1	从A线收到数据，B线受扰

端口数据：无论实际端口大小是几个字，MVB网卡返回的数据都是16个字(32字节)，再加上端口状态和刷新时间，一共是35字节。

第 6 章　列车通信网络产品与应用

目前符合 TCN 标准的列车通信网络技术和产品主要由欧洲铁路机车车辆工业厂家所开发，本章主要介绍 Bombardier 公司、Siemens 公司、ALSTOM 公司的产品及其在动车组上的应用。

6.1　Bombardier 公司的 MITRAC 系统

MITRAC 系统的前身是 ABB 公司开发的用于机车车辆和工业控制的计算机自动化系统 MICAS，它的一个重要特征是模块化的分层次的体系结构和图形化的功能块语言。该技术以分散式思想为基础，所有微处理器(CPU)和输入/输出(I/O)与共用的串行总线，即与多功能车辆总线(MVB)相连接，所有运行数据都经 MVB 进行交换。借助多功能车辆总线，通过处理器附近的一根电缆可采集和输出所有信号和数据。分散布置的 I/O 模块可缩短执行单元和传感器的配线。

所有的模块装在各自的外壳内并拥有自己的电源。这些模块轻便，无需辅助的技术手段就能安装到机车动车所需部位上。如果环境温度在－40～＋70℃，还可省掉强迫通风装置，节省了单个部件安装到机箱中的空间。

6.1.1　系统组成

1. 硬件

MITRAC 系统将插件技术为基础的计算机及输入/输出功能转移到简单轻便的模块上，各模块之间、模块与车辆控制单元之间采用多功能车辆总线相连接。同时可直接将 I/O 模块布置到一个控制过程中去，采用 MVB 电缆作为唯一的传输媒体，显著降低了敷设电缆的费用。MITRAC 系统硬件主要有车辆控制单元、数字量输入/输出模块、数字量输入模块、模拟量输入/输出模块、模拟量输入模块、网关、耦合器等。

(1)车辆控制单元 VCU(Vehicle Control Unit)

车辆控制单元如图 6-1 所示，计算机以 32 位微处理器为基础，该控制器除具有本身的处理器外，还有由存储器组成的存取控制器、中断处理和多个串行接口组成的支持逻辑装置。程序存储器为容量为 8 MB 的大容量只读存储器(Flash-EPROM)。它分成 128 kB 存储块，各存储块可独立清除和可重新编程。采用 DRAM 和电池缓冲的 SRAM 作为工作存储器，SRAM 主要用于存储状态数据和诊断数据，在断电时，这些数据不会丢失。

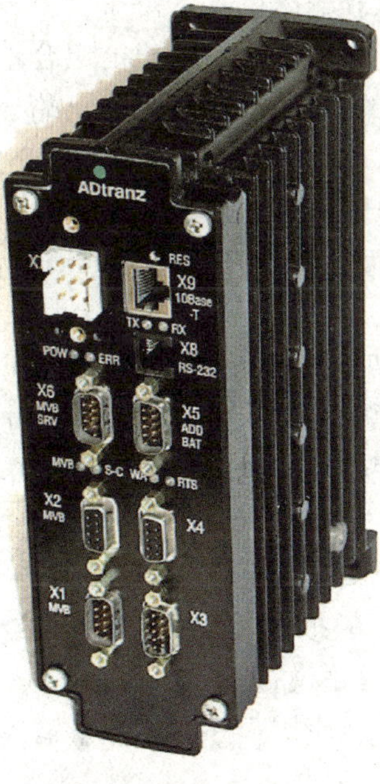

图 6-1　车辆控制单元

多功能机车总线控制器(MVBC)ASIC 与一个 256 kB 的通信存储器一起与 MVB 连接。用大容量通信存储器可传输多至 4 095 个不同的过程控制变量和分散出现的信息。物理上的连接以借助光耦合器实现电位隔离的中等距离(EMD)媒体为基础,既可用两对导线的冗余结构,又可用一对导线的非冗余结构来工作。

采用服务接口装入新软件和读取工作及诊断数据,在调试时通过图形化软件显示工作参数。

每台计算机有两个 RS232D 接口、一个 RS485 接口,还可选择 1 个 RS422A 接口或 RS485 接口。这些接口可用于图形显示器的连接或用于其他通信系统的连接,例如与传统的控制装置相连接。此外,计算机系统能够提供一个用于扩充板的接头,例如可与专用接口、局域网等连接。

(2)数字量输入和输出单元(图 6-2)

DX 单元是数字输入和数字输出的组合单元。二进制输入端分成相互电位隔离的 3 组,而二进制输出端分成 2 组。各组有自己的电源,供给输入和输出端半导体元件。这些电源既可用模块的主电源,也可用电位隔离的外界电源。

为了提高可靠性,两个输出端可串接,或为了得到 2 倍的开关电流也可并接。

DX 单元是非智能单元,即不需要运行应用程序。其地址识别(MVB 地址)不需要与单元捆绑,而是通过处理器触点中硬件布线进行设置,处理器触点也将电源连接到单元上。单元的供电电压介于 17 V 和 168 V 之间,即单元可以直接由电池供电。

(3)模拟量输入和输出模块(图 6-3)

AX 单元是用于模拟输入和输出信号的组合单元。该单元配有四路模拟输入和两路模拟输出。类似于 DX 单元,该单元是非智能单元,即无需下载应用程序。模拟量输入和输出模块提供下列接口:

1)4 个模拟量输入端。

2)1 个用于测量蓄电池电压的内部模拟输入端。

3)2 个模拟量输出端。

4)1 个报警信号继电器输出端。

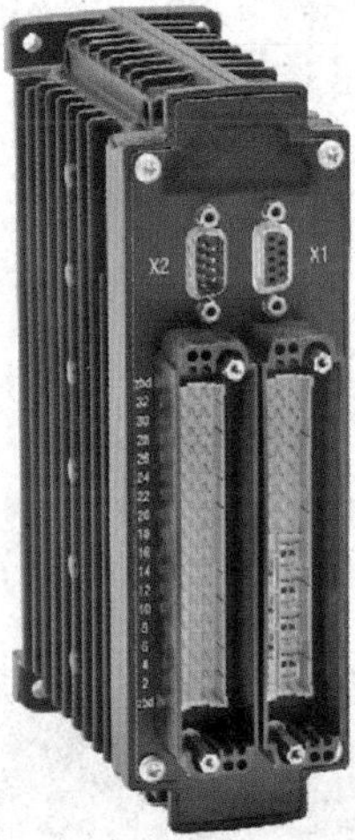

图 6-2　数字量输入输出单元

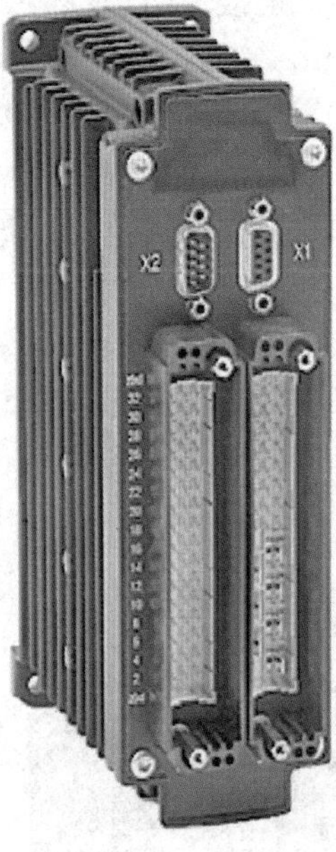

图 6-3　模拟量输入输出单元

4 个模拟输入端可设置为－10～＋10 V 的电压输入端，－20～＋20 mA 的电流输入端，NTC 传感器输入端或精密的 Pt100 传感器输入端。为提高精密度，可将由模拟量输入输出模块来的稳定电流供给传感器，这样就可通过传感器电阻精确读出电压差。所有输入端的值用 A/D 变换器循环检测并进行中间存储，为了滤波信号，必要时可串接最大时间常数为 1 s 的软件驱动数字低通滤波器。测取的值以二进制补码格式提供给 MVB 源端口和供查询用。

2 个模拟输出端既可设置为电压输出端，也可设置为电流输出端。电压和电流的范围与四个输入端的相同。

(4)总线连接器(图 6-4)

总线连接器(BC)属于总线隔离器类,用作 MVB 的不同部分之间的连接。MVB 的中距离导线(EMD 导线)的最大长度可为 200 m,最多可连接 32 个装置。为了连接其他装置必须将 MVB 划分为许多部分。总线隔离器接收送到的信号,滤掉畸变,重新形成原来的信号量,并继续传输给总线其余部分。可延长总线的长度和连接到总线上的设备的数量。对数据内容不分析,也不做数据选择。此外,能识别和隔离如外部干扰或持续发送而引起的 MVB 上的故障,因此不会影响在其他总线部分上的通信。

BC 提供 2 根 EMD 导线和 1 根非冗余的光纤之间的数据传输通道。

(5)网关(图 6-5)

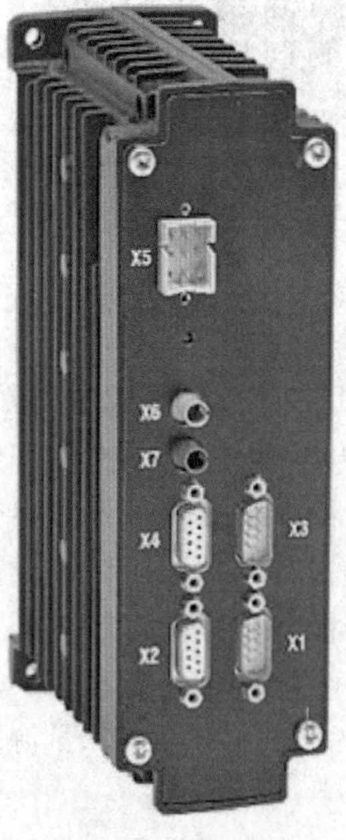

图 6-4　总线连接器

图 6-5　网关

网关又称为网间协议转换器，用以实现不同通信协议的网络之间，包括使用不同网络的操作系统之间的网络的互连。由于网关在技术上与其所连接的两个网络的具体协议有关，因而用于不同网络间转换连接的网关是不相同的。

一个普通的网关可用于连接两个不同的总线或网络。由网关进行协议转换，提供更高层次的接口。网关允许在具有不同协议的报文组的两个网络之间传输数据。在报文从一个网段到另一个网段的传送中，网关提供了一种把报文重新封装成新的报文组的方式。

网关需要完成报文的接收、翻译与发送。它使用两个微处理器和两套各自独立的芯片组。每个微处理器都知道自己本地的总线语言，在两个微处理器之间设置一个基本的翻译器。I/O 数据通过微处理器，在网段之间来回传递数据。

网关实现列车总线 WTB 和多功能车辆总线 MVB 之间通信协议的转换，通过网关将 MVB 连接到车辆总线 WTB 上，从而使多辆连挂在一起的机车车辆相互顺畅的通信（即使这些机车车辆是由不同制造厂生产或属于不同运营公司的）这样就能对整个列车进行监控。

（6）司机台输入/输出模块（图 6-6）

该模块具有体积小、重量轻、输入/输出接口多等特点。该模块具有 20 个数字输入、12 个数字输出、2 个模拟量输入（0～24 V DC）、2 个模拟量输出（0～20 mA）。

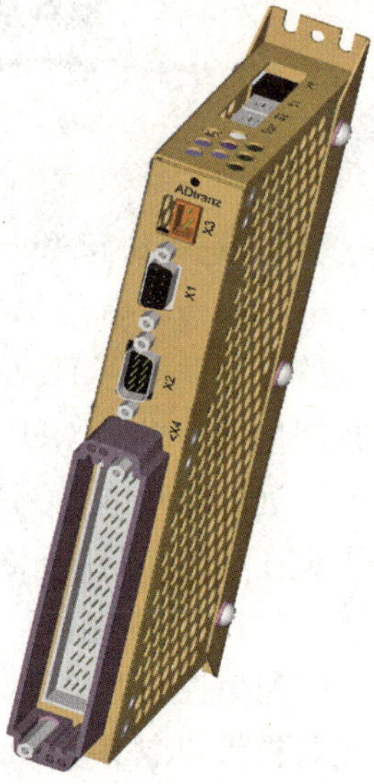

图 6-6　司机台输入/输出模块

（7）智能显示单元（图 6-7）

智能显示单元（IDU）用作车组人员（如司机和乘务员）的人机接口（HMI）和

能够支持乘客的信息服务。IDU 具有全彩色图形，能够支持用户友好的互动 HMI。配备触摸屏，允许司机和车组人员通过触摸屏幕的相应位置执行不同的操作。

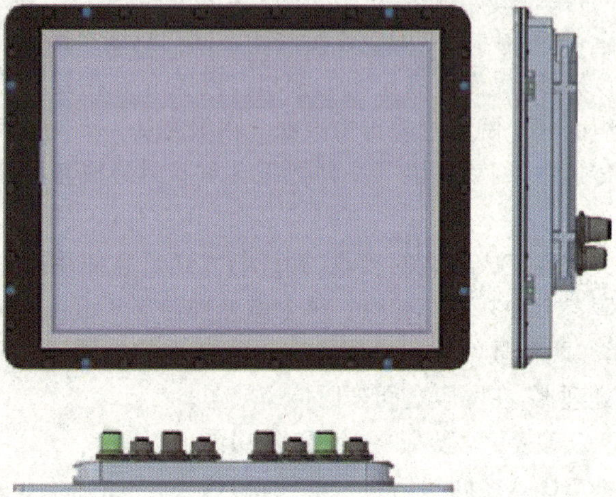

图 6-7　智能显示单元

(8)远程访问单元(AXS)(图 6-8)

远程访问单元(AXS)通过 GSM 提供标准 PC 与车辆远程通信的可能性。CRH_1 项目中，远程访问单元(AXS)用作远程中央控制单元(AXS CCU)应用软件的硬件装置。

远程访问单元(AXS)包括：车辆控制单元；GSM 调制解调器，固定在车辆控制单元的顶端。

(9)通信控制器

通信控制器单元(COMC)为来自第三方(没有 MVB 接口)的设备提供四个串行 EIA 接口，以及常用的两个串行通道。另外，也可以在该单元上运行较小的车辆应用程序以及实现 MVB 总线管理功能。

2. 软件

(1)软件的基本要求

机车动车计算机的软件可实现模块式结构,但必须满足下列要求:

1)简捷的体系结构。

2)硬件有足够的独立性。

3)高可靠性。

4)采用多任务实时操作系统。

5)能同时运行多个应用程序。

6)通过 MVB 服务电缆能将新软件装到所有相连接的计算机上。

7)能相互询问诊断数据。

(2)操作系统

列车控制实时操作系统采用 VxWorks,可提供如下附加功能:

1)易于启动应用程序。

2)扩展任务结构和组织。

3)实现 MVB 通信和总线管理器功能。

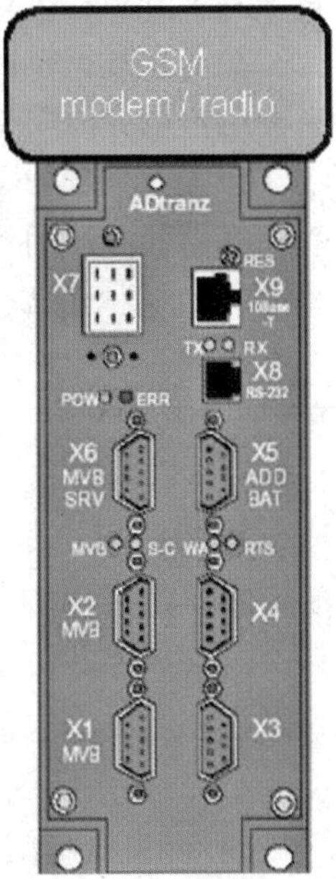

图 6-8　远程访问单元

实时操作系统支持优先的多任务。一个应用可由 1 个或几个并行的任务组成。绝大多数任务是各不相同的,但可按恒定的时间间隔启动。这些任务执行一个作业直到下一个时间间隔为止。循环时间短的任务有最高优先权。重要的是所有时间间隔既可相同,又可以是基本时间间隔的数倍。基本时间间隔开始时,实时操作系统同时启动一个或多个任务,按优先顺序工作。

(3)MVB 通信软件

MVB 通信软件提供了使用程序和 MVB 之间的逻辑数据接口,有两条通信途径并具有如下特性:

1)周期地反复传送过程数据,即按多地址原理,1 个用户发送,多个用户接收数据;CPU 侧配备系统广播的共用存储器,因而它是用于分布的 I/O 模块的标准接口。

2)消息数据按需要传输，是点到点的连接结构，远距离过程呼叫按用户服务原则工作，只在计算机模块上和端口进行通信。

在 1～1 024 ms 之间的固定时间间隔中传输过程数据。总线管理器借助主帧的传输激发数据传输，主帧包括一个功能码和一个地址，如果功能码指示传输过程数据，将告诉用户这个地址将作为源地址。该用户将从一个或多个模块接收到的过程数据打包成 1 个从帧包发送出去，支持 16 位至 256 位之间的报文长度。1 个计算机模块支持最多为 4 095 个不同的发送和接收端口，而 I/O 模块最多有 16 个发送和接收端口。

除了传送过程数据外，MVB 还非周期性地传输信息数据。每个由微处理器控制的模块能将信息传输到另一设备上去。总线管理器查明申请信息数据的设备，接着协调原 来的传输，在使用层上，实时通信协议支持远距离过程呼叫，这样就能实现与其他计算机的连接，而与使用何种通信媒体无关。

总线管理器负责在 MVB 总线上顺畅地通信，如果已激活的总线管理器出现故障，另一计算机可承担其任务，而不会中断。在 MITRAC 系统中，总线管理其软件与应用软件并列运行。

(4)应用软件

应用软件采用图形化编程工具的图形化功能块语言编制的。这些功能块定义功能的输入和输出、数据流、功能块以及按状态自动化工作原理的次序控制，这些代码既可在目标计算机上解释，又可编译成计算机语言并由计算机直接控制。解释软件节省存储空间，与此相反，用编译代码能显著提高应用软件的效能。

过程应用软件能将异常状态，例如测定的极高温度传递给诊断软件，诊断软件综合各种信息，进行计算并利用调节解释器来分析，查明可能的原因。用 PC 机为基础的编程工具，能通过一服务接口读出诊断数据。应用软件示例如图 6-9 所示。

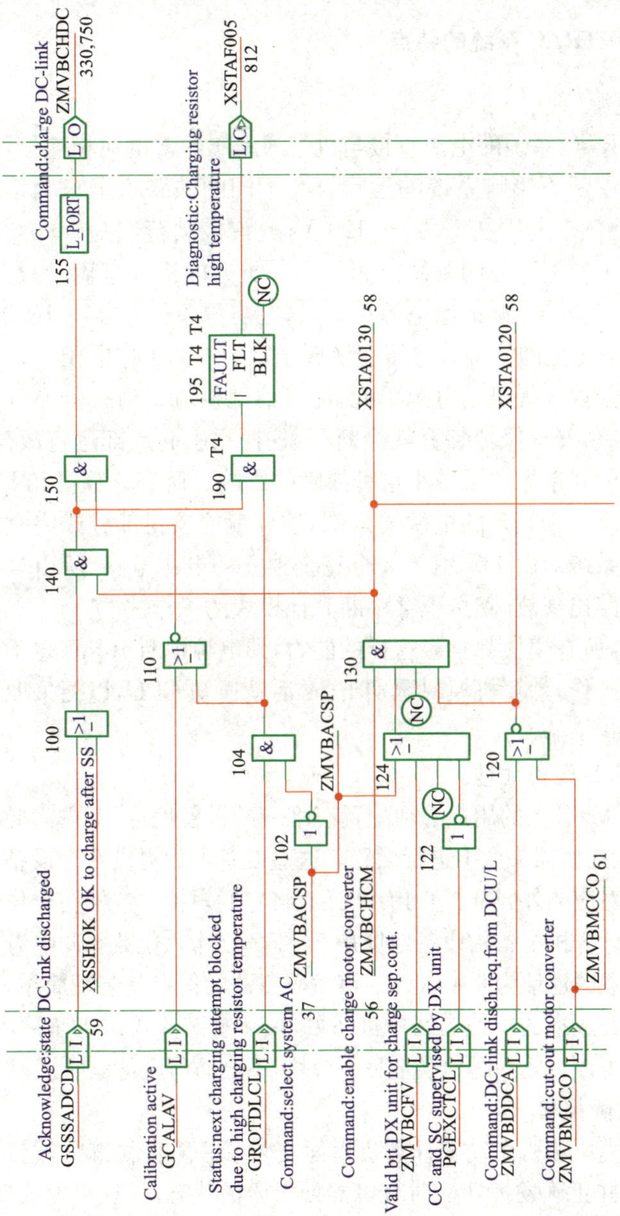
Acknowledge:state DC-ink discharged
GSSADCD
XSSHOK OK to charge after SS
Calibration active
GCALAV
Status:next charging attempt blocked
due to high charging resistor temperature
GROTDLCL
Command:select system AC
ZMVBACSP
Command:enable charge motor converter
ZMVBCHCM
Valid bit DX unit for charge sep.cont.
ZMVBCFV
CC and SC supervised by DX unit
PGEXCTCL
Command:DC-link disch.req.from DCU/L
ZMVBDDCA
Command:cut-out motor converter
ZMVBMCCO
ZMVBMCCO
Command:charge DC-link
ZMVBCHDC
330,750
L_PORT
Diagnostic:Charging resistor
high temperature
XSTAF005
812
FAULT
FLT
BLK
NC
XSTA0130
XSTA0120
L I
L O
&
>1
1

图 6-9　应用软件示例

6.1.2 MITRAC 系统的特点

1. 电源

MITRAC 系统的电源直接与机车或动车的蓄电池相连接，短时的电压中断不影响系统的运行。在不同的铁路机车车辆系统中，蓄电池额定电压在 DC24～120 V，允许波动范围为－30%～＋25%。为使上述控制系统能用于不同类型的机车车辆，所有模块都必须完全符合标准的电源单元，这些电源单元必须将 16.8～150 V 这样宽范围的输入电压变换成稳定的内部工作电压。

利用模块中提供的电源单元，能可靠地供电。当一个 I/O 模块引起短路，安全保护装置就会断开，这样只引起局部运行故障。利用简单的冗余方法可减小这种故障的影响。所有计算机和 I/O 模块都具有 2 个冗余的电源输入端，这样就能获得部分或完全冗余的电源系统。由于采用了 2 个完全独立的电源电路，所以当一个电源电路出现故障时，不会中断其他模块的工作。

此外，所有模块都具有这样的能力，即电源中断 10 ms 也不会影响正常工作，计算机模块识别 1 ms 后就通知 CPU，以便采取可能的自保护措施。

2. MVB 设备地址

所有 MVB 上的用户必须配置有唯一的设备地址，不再需要编码，而是在控制插头盒中进行设置。这些设备可能提供 8 个设备地址插针和对应的外壳插针，可有选择地将它们短接。这样在个位数脉冲中为计算机配备的设备地址是 0～255，在十六位数脉冲中为 I/O 设备配置的地址为 0～4 095。该编码方法的优点是装配简单，编码几乎能在成批的电缆布线中准备好，模块安装无需附加工序，发生故障时可以毫无问题地换上另一模块，不会妨碍设备地址。

3. 故障报警

I/O 模块和机车动车计算机里面安装了故障报警继电器。当模块通电并正确发挥功能时继电器处于激活状态，一旦出现故障，继电器就处于非激活状态(中断系统运行)。计算机上,例如在微处理器上安装了监视逻辑装置,它使继电器处于非激活状态,并试图重新启动计算机。故障报警继电器既可串联连接,也可单个地或分组地连到数字输入模块上,因此能可靠地报告出现的故障。故障报警也可临时用作二进制输出端信号,因此可根据应用情况设计相应的容错系统。

6.1.3　CRH_1 型动车组列车控制和管理系统

1. 系统组成

CRH_1 型动车组列车控制和管理系统拓扑图如图 6-10 所示。该动车组分为三个牵引单元,车辆的编组为:Mc1-Tp1-M1,M3-Tb 和 Mc2-Tp2-M2。

每个牵引单元中与 MVB 总线相连接的设备有:TC CCU、TDS CCU、ATP CCU(仅在 Mc 车厢中)、AXS CCU(仅在 Tb 车厢中)、COMC、IDU、GW、DX、AX、PCU、HVAC、DCU、BCU 等。

(1)列车控制中央控制单元(TC CCU)

TC CCU 中运行列车控制和监控软件。几乎所有的系统的监督和控制(如制动、空调、门、灯等)由 TC CCU 实现。TC CCU 位于 8 辆编组列车的 Mc1、Mc2 和 Tb 车厢内的电气柜中。

(2)列车诊断中央控制单元(TDS CCU)

列车诊断中央控制单元是为了在列车上存储诊断数据和与智能显示单元进行通信而设计的。列车诊断中央控制单元(TDS CCU)的应用软件在 VCU 硬件装置中运行,硬件装置位于 8 辆编组列车的 Mc1、Mc2 和 Tb 车厢内的电气柜中。列车诊断中央控制单元(TDS CCU)也用作多功能车辆总线 MVB 的总线管理器。

(3)自动列车保护中央控制单元(ATP CCU)

自动列车保护中央控制单元(ATP CCU)用于与 ATP 子系统的串行通信(RS—485)。ATP CCU 也用作末端 MVB 段中多功能车辆总线的备用管理器。ATP CCU 的应用软件在 VCU 硬件装置中运行,硬件装置位于 8 辆车编组的 Mc1、Mc2 车厢内的电气柜中。

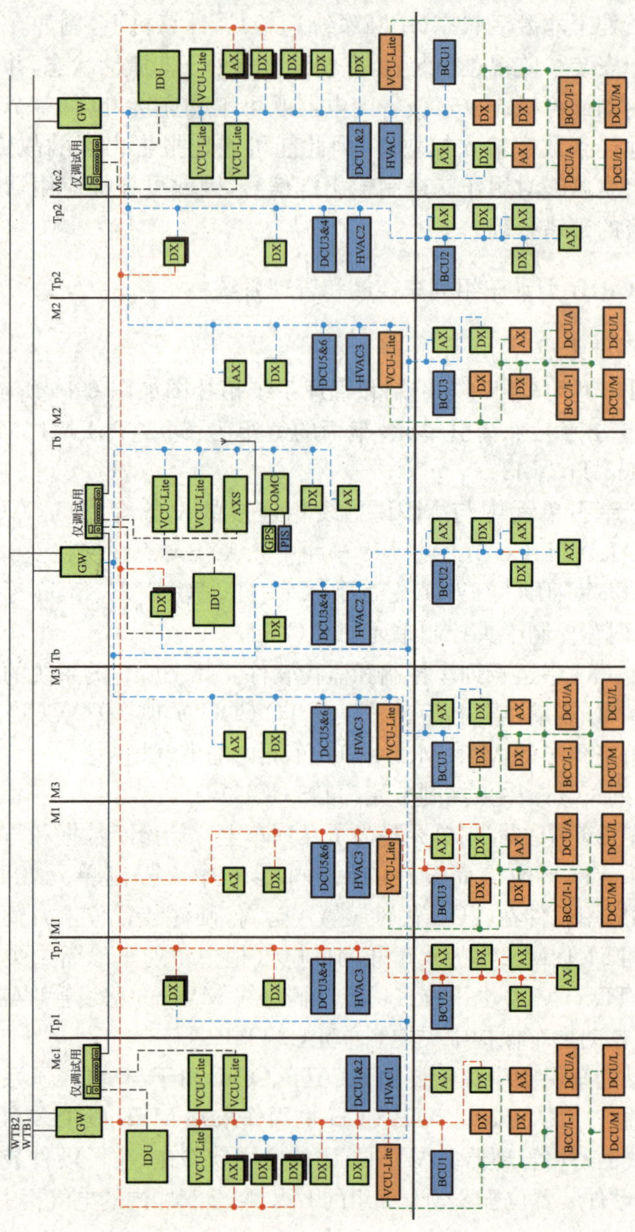

图 6-10 CRH1型动车组列车控制和管理系统拓扑图

(4)通信控制器(COMC)

通信控制器用于串行通信的控制器。该单元位于 8 辆车编组的 Tb 车厢,同时 COMC 也可用作 MVB 总线的备用管理器。

(5)远程访问控制器(AXS CCU)

远程访问控制器用于动车组与地面车站之间的无线通信(GSM)。AXS CCU 的应用软件在 MITRAC AXS 硬件中运行,硬件位于 8 辆车编组的 Tb 车厢。

(6)智能显示单元(IDU)

智能显示单元是列车诊断系统的一部分,显示动车组工作过程中出现的故障和事件。IDU 单元位于 8 辆车编组的 Mc1、Mc2 和 Tb 车厢。

(7)网关(Gateway)

网关实现列车总线 WTB 和车辆总线 MVB 之间的协议转换,并实现列车的自动配置和重联功能。网关位于 8 辆车编组的 Mc1、Mc2 和 Tb 车厢。

(8)数字量输入/输出单元(DX)

(9)模拟量输入/输出单元(AX)

(10)总线连接器(BC)

(11)列车总线(WTB)

绞线式列车总线 WTB 用于动车组不同的牵引单元之间的通信,该通信网关进行管理。

(12)车辆总线(MVB)

多功能车辆总线 MVB 用于实现一节车厢内或一个固定编组的单元内的基本单元间数据传输。通信由各个单元内的 TDS CCU 进行管理。

(13)以太网通信

以太网通信传输 IDU 和 TDS CCU 之间的数据。

(14)四个串行通信

一个(RS485)在通信控制器(COMC)和 PIS 系统之间进行数

据传输；一个(RS485)在通信控制器(COMC)和烟火探测单元之间进行数据传输；一个(RS485)在通信控制器(COMC)和 GSM 接收器之间进行数据传输；一个(RS485)在 ATP CCU 和 ATP 系统之间进行数据传输。

下列系统连接到列车控制与管理系统：牵引控制单元(PCU)；充电机控制单元(BCC)；制动控制单元(BCU)；外端门控制单元(DCU)；空调控制单元(HVAC)；旅客信息系统；烟火检测系统；GSM 接收器；列车自动保护系统(ATP)。

2. 列车控制与管理系统功能

TCMS 系统通过 MITRAC 硬件系统实现，该系统是动车组列车控制与管理的通用计算机系统。

MITRAC 硬件系统是基于摩托罗拉微处理器开发的。该系统的机械和电气温度涉及范围是－40～＋70℃，并满足动车组运行过程中的冲击和振动要求。

(1)列车激活

将司机室钥匙转到激活位置时激活该司机室。司机激活司机室时，位于该车厢内的列车中央控制单元(TC CCU)成为列车主控 CCU。动车组的总体控制由 TC CCU 处理，司机的所有指令读入该 CCU，经该 CCU 处理后，通过 WTB 总线传至动车组中其他牵引单元的 TC CCU。

为了与动车组中其他牵引单元的 TC CCU 进行通信，激活司机室的网关成为列车总线 WTB 的主网关，负责控制 WTB 总线的通信。

如果主控司机室中的 TC CCU 故障，主控网关将探测到该故障并自动从 WTB 总线断开。这样就允许连接到第二主控 TC CCU 的网关被配置成 WTB 的新的主网关。第二主控 TC CCU 网关位于该动车组的另一端的 Mc 车厢内。

一次只能有一个被激活的司机室，因而列车中只有一个主控 TC CCU。其他车厢的 TC CCU 变成从属的 TC CCU。从属的

TC CCU 应用在各个牵引单元中。

在激活的司机室中,列车控制 CCU(TC CCU)接收来自与司机台 MVB 相连接的司机室内 I/O 单元的信息。然后该信息传递给需要该信息的其他系统。

当司机即将离开一个车站开往下一个车站时,司机将主控手柄推向牵引位,计算机系统中运行如图 6-11 所示。

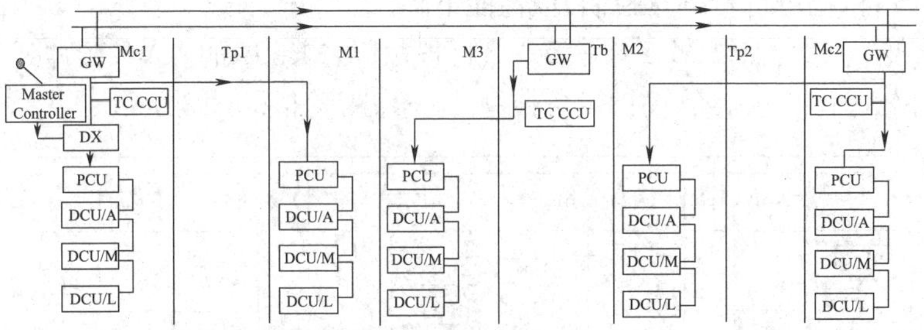

图 6-11　牵引信号的传输

主控手柄的输出信号通过硬线连接到数字输入单元(DX 单元),相应的数值解读为牵引/制动指令,司机室的 TC CCU(主控 TC CCU)通过 MVB 总线读取数字输入单元输入的数值,并计算出相应的牵引/制动力。该牵引/制动力通过 WTB 总线传至各个牵引单元的 TC CCU 中。TC CCU 读取该参考值后,并计算出相应的扭矩。该扭矩值通过 MVB 车辆总线传送到动车内的 PCU 单元,PCU 重新对扭矩值进行校正计算,并传输到 DCU/M 单元生成所需的扭矩,列车开始移动。

(2)冗余管理功能

TCMS 系统具有冗余结构,可保证动车组安全运行,无论 TCMS 系统发生任何单点故障,至少可提供 60%的牵引力、62%的常用摩擦制动力以及 100%的紧急摩擦制动力。由于故障列车牵引单元的本地控制及其设备不影响其他列车的牵引和制动系统,因此允许动车组牵引单元的本地控制断开,此时子系统应该在预先设定的条件下工作。

所有控制关键系统的列车计算机部分应冗余，并能够在任何时间激活。

本地 TCMS 系统故障时，备用 I/O 单元(受另一个 MVB 区段控制)可替代运行。将断开全部故障 VCU 上的总线段，其连接的所有单元将失去通信。但 TCMS 系统具备所有必需的(关键)设备，仍可进行列车控制，但性能下降。

例如：如果 Mc1 中的 MVB 区段故障，Mc2 中的 MVB 延伸到 Mc1 车厢，并接管关键设备控制。简化图形如图 6-12 所示。

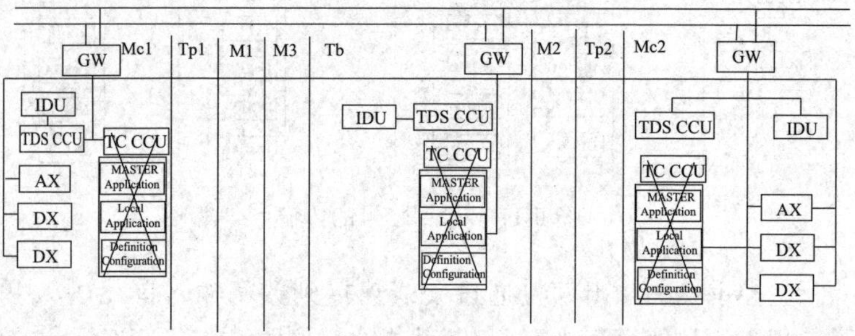

图 6-12 计算机系统冗余控制

(3)某一单元故障引起的后果

设计原则为某一单元的故障不能导致动车组停车。TCMS 中单一故障所引起的后果见表 6-1。

表 6-1 TCMS 中单一故障引起的后果

故障单元	故障单元引起的后果
WTB	冗余的 WTB 线自动进行切换，对系统没有影响
MVB	连接到该 MVB 段的单元停止工作。由于司机台部件和受电弓等是冗余的，动车组仍能够运行
TDS CCU	没有该单元的诊断数据。该单元的 IDU 不起作用
ATP CCU	与 ATP 之间没有通信

续上表

故障单元	故障单元引起的后果
AXS	动车组与地面之间不能进行远程访问
COMC	列车控制与监控系统与 GPS、PIS 和烟火探测系统之间无通信
DCU	DCU 所控制的门需要手动操作
GW	列车总线通信失败，影响列车的运行。如不能实施制动和牵引，但本车厢的灯光和空调可以正常运行
PCU	该车无牵引
HVAC	该车无空调
BCU	该车无常用制动，紧急制动仍可用
DX/AX	连接到该单元的输入/输出信号实效，既不能控制也不能监控。如果该单元是冗余的则不受影响
BC	BC 另一侧的 MVB 段停止工作
IDU	和 VCU 之间没有通信，导致和列车诊断系统的通信中断

3. 列车控制与监控系统软件

(1)编程软件

列车控制与监控系统采用图形化编程软件可以达到软件质量高、运行时间短、易于编程和易于进行故障查找的要求。该软件包含许多功能块，每一个功能块实现一个基本的功能，如逻辑“与”和算术乘法。

两种专门的高级语言用来编写 TCMS 应用程序：TRACS/Tragraph 和 MITRAC Tools。两种语言都是以图形符号(元素)为基础进行编程的。每个元素描述一个功能，多个元素用来创建逻辑程序。

TC CCU 可用 TRACS/Tragraph 语言进行编程。TDS CCU、ATP CCU、AXS、COMC 和 GW 采用 MITRAC Tools 进行编程。

TC CCU 的应用程序是主要的 TCMS 软件，根据庞巴迪软件开发手册分成系统、模块和块。块是应用程序编程人员处理的最小软件单元,块通常处理一个特定的功能,如网侧接触器的控制和监督。

动车组上 TCMS 系统安装软件的单元如下:

TC CCU:列车中央控制单元,主要实现单元或动车组的控制与监控。

TDS CCU:列车诊断中央控制单元,包括诊断数据库、处理与 IDU 的通信,是 MVB 的总线管理器。

ATP CCU:与列车自动保护系统通信,作为 MVB 冗余的总线管理器。

GW:WTB 的网关。

COMC:处理串行通信。

IDU:智能显示单元。

AXS:远程访问单元。

(2)监控软件(DCUTerm)

DCUTerm 软件用来监控 TCMS 系统的运行情况,可以对 TCMS 系统的变量进行监测和参数修改,实现对 TCMS 系统的调整和测试,通过笔记本电脑的终端和各个 CCU 连接。

6.2 Siemens 公司的 SIBAS 系统

SIBAS 系统是西门子公司开发的用于铁路的列车通信网络系统,该系统创建于 1983 年,主要实现列车的某些自动控制任务,包括车辆的牵引控制。此后该系统不断完善,实现了全列车的控制、监测和故障诊断功能。到 1992 年,该系统的成熟性和可靠性在实践中得到了证实。目前在 100 多个项目中的约 7 000 辆车辆采用了 SIBAS32 控制技术,主要用于牵引控制、制动控制、辅助供电控制、空调控制、门控制等。该系统的主要特点是功能较完善、可靠性高、良好的人机界面和故障诊断功能。

6.2.1　硬件

1. 中央处理单元 CPU(Central Processing Unit)

中央处理单元 CPU 是 SIBAS32 控制系统的处理模块，其处理器采用 Am486DX-2，进行变量的存储和逻辑处理工作。该模块带有通信用的接口，通过两个背板连接插和 SIBAS32 控制系统相连接，其中 X1 是 SIBAS 总线(16 位数据总线，2 MB 寻址空间)，外围设备(或装置)通过 X2 进行连接。

CPU 带有 16 MB FEPROM、1 MB 高速 SRAM 和 2 MB BRAM。实时时钟和非易失存储器 RAM 在失去电池电压的情况下通过一个电容可持续工作 30 min。外部电池的容量通过软件可以显示在显示屏上。

CPU 板的前面板的布置如图 6-13 所示。

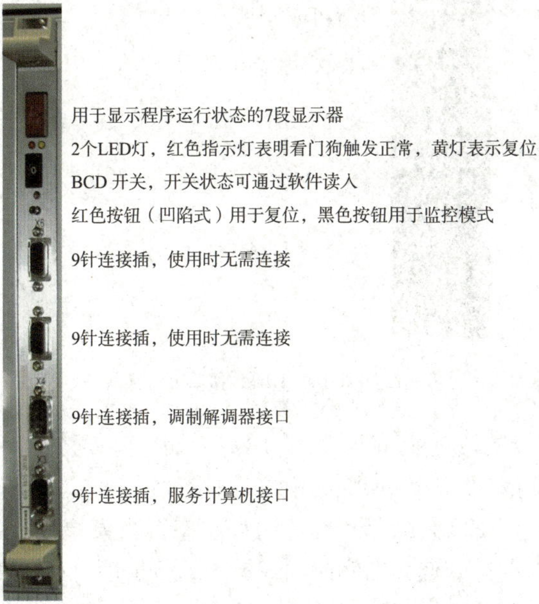

图 6-13　CPU 板的前面板

2. 输入/输出模块(IOM)

输入/输出模块(IOM)用作中央处理单元和SIBAS32的所有输入/输出模块的接口。它通过数据总线(DB[00-15])和地址总线(AB[01-16])和中央处理单元相连接。

通过此模块可将模拟量转化为数字量。该模块可对23个外部模拟信号和2个内部模拟信号进行模拟/数字转换。

3. 多功能车辆总线MVB32

MVB32是一个符合TCN标准的通信单元。在该模块上集成有西门子SAF-C165微处理器和一个MVB控制器(MVBCS1)。如图6-14所示。

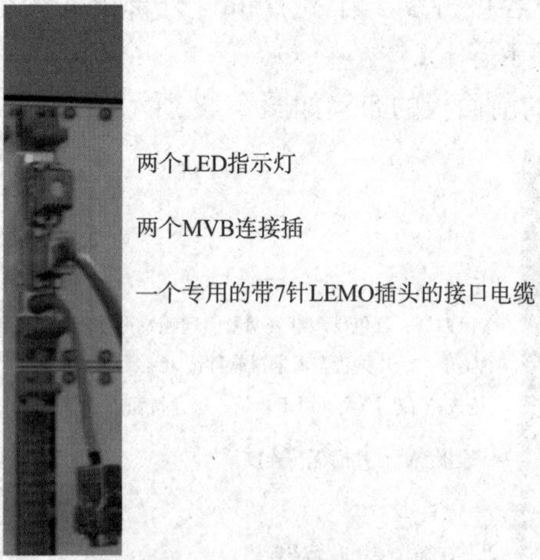

图6-14 MVB接口板

在这个模块上拥有两个双LED指示灯。通过指示灯指示MVB总线的数据交流情况和模块的状态。

第一个LED有绿色和红色两种状态。当模块没有准备好是红灯亮(当没有节点数据库或加载错误的数据库时)。当模块正常工作及MVB数据接收正常时绿灯亮。

第二个 LED 有绿色和黄色两种状态。当模块上的总线管理器被激活时，以一秒钟的节拍闪烁。当模块正常工作及 MVB 数据发送正常时绿灯亮或闪烁（根据发送频率闪烁）。当模块启动时红色和黄色 LED 短时间发光。

为了连接到该模块的服务接口，需要一个专用的带 7 针 LEMO 插头和三个按键的接口电缆，三个按键分别为复位键、监控键和引导键，其接线方法如图 6-15 所示。电缆的长度不允许超过 3 m。

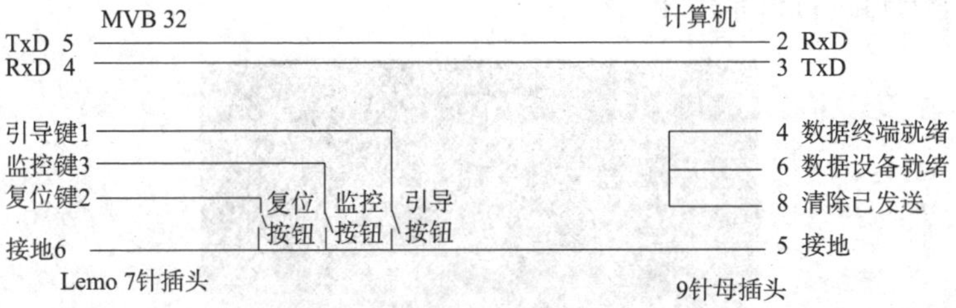

图 6-15　LEMO 插头和 9 针母插头接线图

利用该专用电缆，可将 MVB 模块的服务接口和计算机的 RS232 串口连接起来。当按下复位键时，复位被激活。通过按下引导键，可以对 MVB32 模块与固件一起加载。如果该按钮被按下时同时按下复位键，可上载引导程序到外部 RAM。

监控键用于测试目的并且在正常操作时不应该被按下。

4. MVB Compact I/O

MVB Compact I/O 主要用于检测司机室驾驶台的开关所发出的信号，同时该模块通过输出端子控制司机台指示灯。

因为司机室的输入输出信号较多，而司机台下面的空间又较小，为此，通过该 I/O 单元可解决上述矛盾。

所有连接到 I/O 单元的信号都通过 MVB 总线和 VCU 通信。该单元的供电是单独的 24 V 直流电源，输入和输出通道没有电隔离。

该单元具有 32 路数字输入信号(24 V DC),用来连接按钮、开关、主控制器等。8 路数字量输出信号(24 V DC),每个通道的最大输出负荷为 2 W。

作为具有许多固定的输入和输出通道的紧凑装置的分布式输入和输出站,用于接收司机室内的信号,例如,来自按钮、开关、指示器、断路器、编码插头和主控制器的信号。一个 MVB Compact I/O(图 6-16)网站有 2×16 二进制输入、1×8 二进制输出以及两个数字式位置编码器接口的数字输入,如主控制器的信号使用 10 个通道进行信息传输。

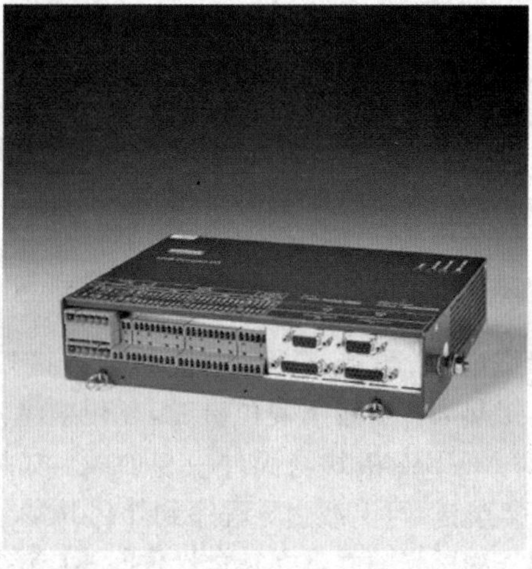

图 6-16 MVB Compact I/O

5. MVB Compact Pt100(图 6-17)

MVB Compact Pt100 用于记录 Pt100 温度传感器的输入值,并通过 MVB 总线传输到相应的控制单元,共有 20 个 Pt100 输入。

6. SIBAS KLIP Station(图 6-18)

该模块主要用于没有 MVB 网络接口卡的设备和 MVB 总线的通信,实现将这些信号送到 MVB 总线上,或将 MVB 上的数据

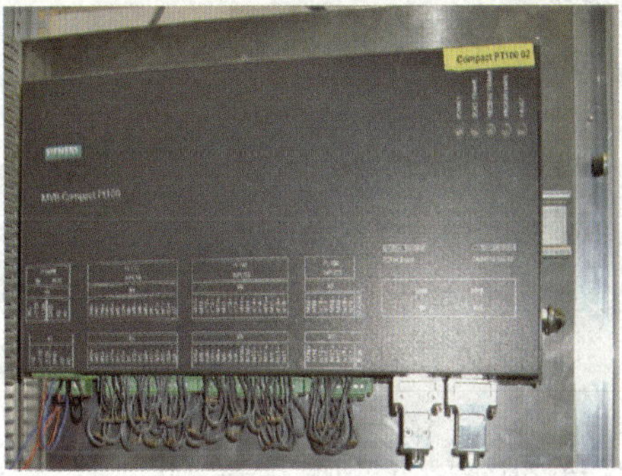

图 6-17　MVB Compact Pt100

送到设备中。典型的输入输出为:32 路 110 V DC 数字输入信号、16 路 110 V DC 数字输出信号、2 路模拟量输入信号(0～20 mA)、1 路模拟量输出信号(0～20 mA 或 0～10 V)。

图 6-18　SIBAS KLIP Station

每一个 SIBAS KLIP Station 装有 MVB 接口模块,不同数量的总线模块,不同的 SIBAS KLIP I/O 模块,以及电源模块提供 24 V 电压。

7. 数字量输入模块

该模块具有 16 路带电隔离的数字输入通道,输入电压 110 V

DC,其工作温度为－40～＋70℃。

8. 数字量输出模块

该模块具有16路带电隔离的数字输出通道,输出电压110 V DC,其工作温度为－40～＋70℃。

9. 模拟量输入模块

该模块用来测量模拟信号,例如该模块可用来测量蓄电池电压和车辆载荷。该模块具有4路模拟量输入通道,电压范围为＋10 V DC。

10. MVB PC/104接口模块(图6-19)

图6-19　MVB PC/104接口模块

MVB PC/104接口模块可进行过程数据、消息数据通信和设备状态信息通信,这些不具备总线管理器功能。该模块通常安装在下列系统中:

(1)人机界面(驾驶室显示单元)。

(2)制动控制单元。

(3)辅助逆变器。

(4)门控制单元。

(5)空调控制单元。

(6)旅客信息系统。

11. 中继器(图 6-20)

中继器中装有 ASIC 程序,实现信号的再生。其主要任务如下:

(1)在 MVB 部分和 MVB 高速链路部分提供一个调制弱信号的接口。

(2)创建两路完全冗余的通道。

(3)采用电气隔离防止电磁干扰。

图 6-20　中继器

12. 网关(图 6-21)

列车总线(WTB)通过各(组)车的节点(网关 GW)与车辆总线(MVB)之间进行控制命令及信息的传递。

13. 显示器(图 6-22)

显示器主要用来显示动车组运行过程中的状态信息和故障诊断信息。当动车组在运行过程中某些零部件发生故障时,动车组

图 6-21　网关

列车控制与监控系统中的诊断单元发送相应的诊断信息到显示器上，同时给出故障处理指南，指导司机排除故障。

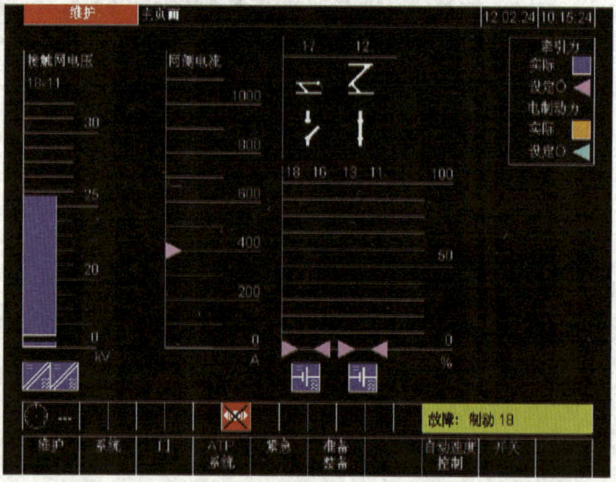

图 6-22　显示器

6.2.2　软件

图形化编程软件 SIBAS G 主要用于开发 SIBAS32 相应硬件

的软件，同时 SIBAS G 支持全部的控制编程过程和牵引软件的程序编制。

SIBAS G 的特点：全部软件采用模块化设计，将复杂的车辆控制软件包分散成较小的、容易理解的软件模块。独立的软件模块和标准功能块进行单独的测试，并且这些模块将被保护，没有授权是不能够进行修改的。同时该图形化编程软件是很容易进行修改和维护的。

SIBAS G 的基本编程元素是功能块，这些功能块是编制列车控制、监视和故障诊断软件的最小软件元素。

计算机软件的开发过程可通过图形化编程软件在 PC 机上完成。如图 6-23 所示。

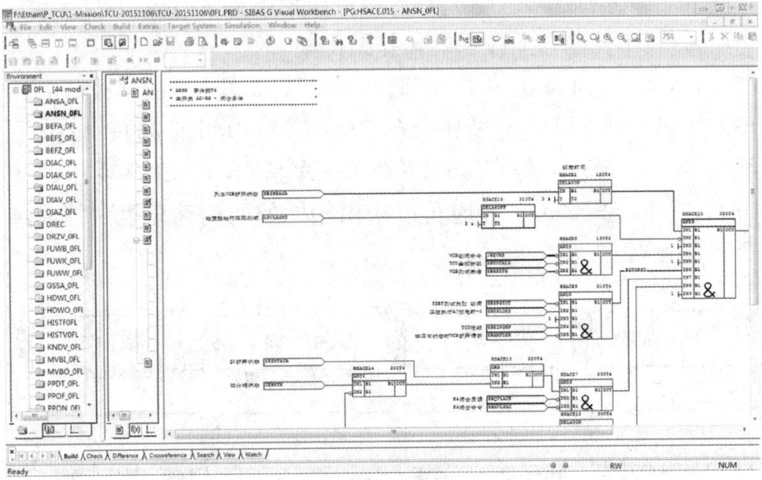

图 6-23　软件编程

6.2.3　CRH3 动车组列车控制与监控系统

CRH3 型动车组采用符合 IEC 61375 标准的列车通信网络，列车总线采用 WTB 总线，车辆总线采用 MVB 总线。这两种总线都采用冗余传输，保证数据传输的可靠性。其中 WTB 总线的传输速率为 1 Mbit/s，MVB 总线的传输速率为 1.5 Mbit/s。WTB 总线和 MVB 总线都可以传输过程数据和消息数据。

过程数据在 MVB 总线的过程数据端口间周期性传送，过程数据由 MVB 总线上一个设备的 MVB 端口发出，其他设备具有相同过程数据端口的 MVB 总线上的设备接收。例如控制数据的传送，所有连接到 MVB 总线上的设备都可以传送过程数据。

根据要求，一些 MVB 总线上的设备还可以传送消息数据。消息数据的传送受到限制，其传输时间取决于总线上的负载。消息数据用于传输时间要求不严格的数据，例如动车组配置数据的传输。在 CRH_3 型动车组上，下列装置可传输和接收消息数据：网关(GW)、中央控制单元(CCU)、司机室和乘务员室的显示器。

1. 列车控制与监控系统拓扑结构

CRH_3 型动车组采用 8 辆车编组，如图 6-24 所示。包括 EC01(端车 01)、TC02(变压器车 02)、IC03(中间车 03)、BC04(酒吧车 04)、FC05(一等车 05)、IC06(中间车 06)、TC07(变压器车 07)、EC08(端车 08)。同时可以采用相同的两列动车组联挂后进行重联运行。

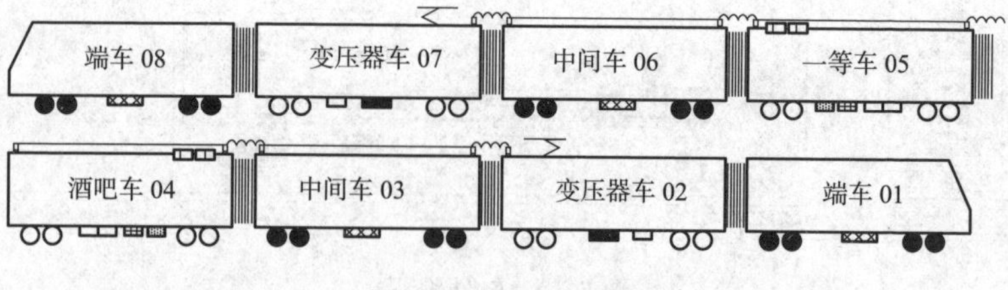

图 6-24　动车组编组

8 辆车的车组成为一列动车组，从列车通信和控制的观点将动车组分为两个牵引单元。一个牵引单元内的设备通过 MVB 车辆总线进行通信，两个牵引单元之间通过列车总线 WTB 进行通信。

(1)下列装置通过车辆总线(MVB)连接到列车通信和控制系统:

1)中央控制单元(CCU)和网关(GW)。

2)人机接口(MMI)。

3)牵引控制单元(TCU)和辅助控制单元(ACU)。

4)制动控制单元(BCU)。

5)充电机控制单元(BC)。

6)车门控制单元(DCU)。

7)采暖、通风和空调控制单元(HVAC)。

8)旅客信息系统(PIS)。

9)分布式输入、输出站(SKS)。

10)卫生间系统和火灾检测及报警系统通过分布式输入、输出站连接到列车控制与监控系统。

(2)连接到MVB总线上的设备主要实现下列工作:

1)实现子系统控制。

2)处理来自中央控制单元CCU和来自其他MVB单元的控制信号。

3)处理来自子系统传感器(或控制装置)提供的信息。

4)通过MVB总线将操作模式传送到中央控制单元和人机界面。

5)把诊断信号和故障信息传输到动车组诊断系统。

(3)列车控制与监控系统的拓扑结构如图6-25所示。在该列车控制与监控系统中,重要的部件(如网关、中央控制单元、显示器、输入/输出模块等)都采用了冗余措施,单一部件的故障不会影响整个系统的运行。

在该系统中,两根冗余的电缆用作WTB总线在各单元间传输信息。在两节车辆的连接处采用两个独立的插头。列车总线和车辆总线通过MVB网关进行转换,实现不同信息格式之间的信息传输。

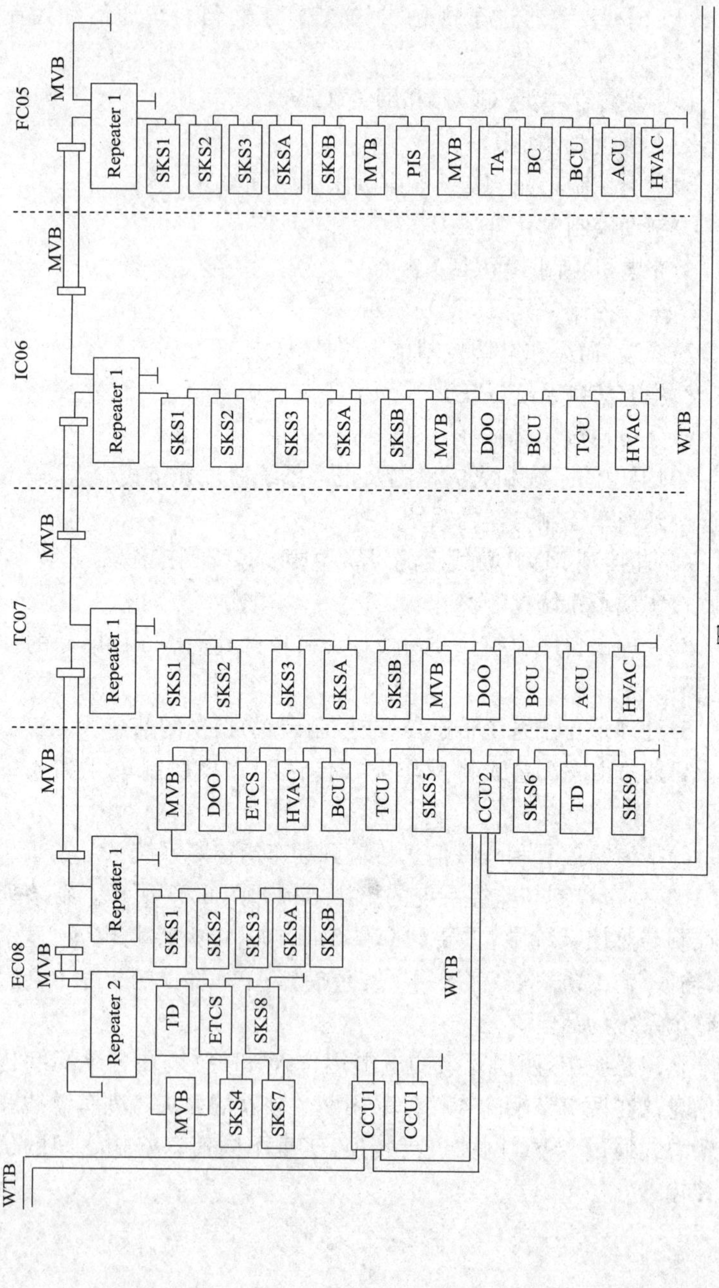
FC05
MVB
Repeater 1
SKS1
SKS2
SKS3
SKSA
SKSB
MVB
PIS
MVB
TA
BC
BCU
ACU
HVAC
IC06
Repeater 1
SKS1
SKS2
SKS3
SKSA
SKSB
MVB
DOO
BCU
TCU
HVAC
WTB
TC07
Repeater 1
SKS1
SKS2
SKS3
SKSA
SKSB
MVB
DOO
BCU
ACU
HVAC
EC08
Repeater 1
SKS1
SKS2
SKS3
SKSA
SKSB
MVB
DOO
ETCS
HVAC
BCU
TCU
SKS5
CCU2
SKS6
TD
SKS9
Repeater 2
TD
ETCS
SKS8
MVB
SKS4
SKS7
CCU1
CCU1
WTB

图 6-25

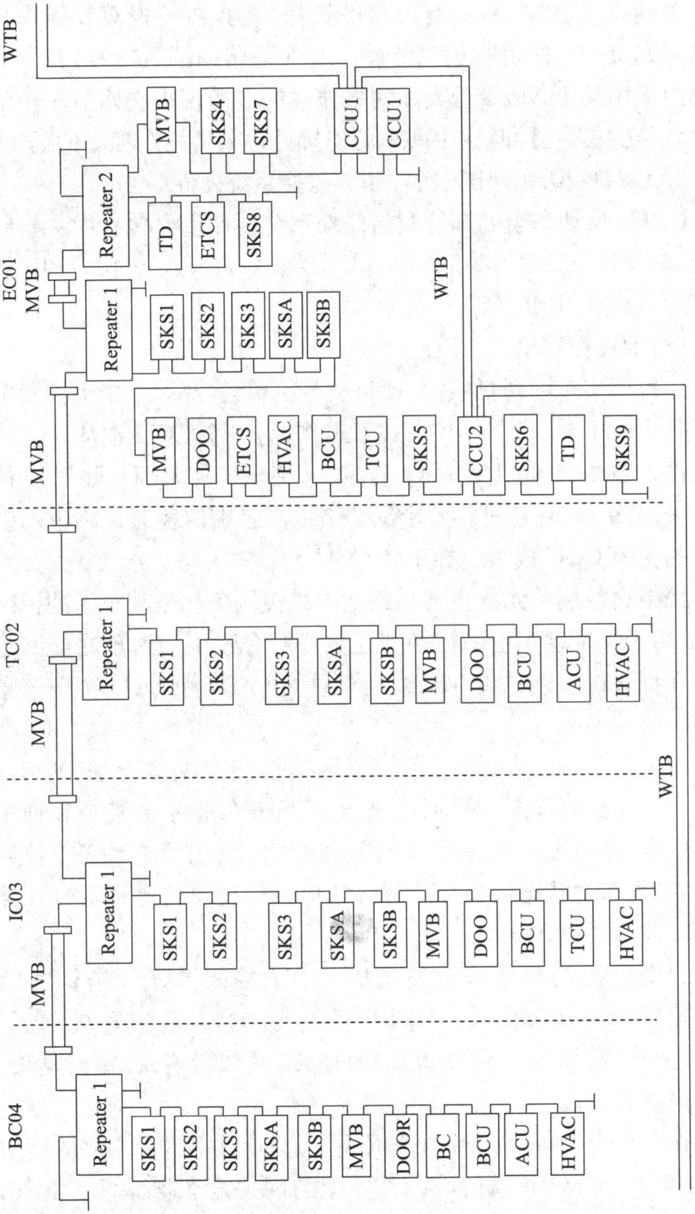

图 6-25　列车控制与监控系统的拓扑结构

车辆总线的MVB具有固定的拓扑结构，在一根双绞线内采用两对冗余的电线进行信息传输。为保证传输的可靠性，在一节车辆内采用几个MVB分支。两根独立的电缆用来在两节车箱的连接处传输信息，同时在中间车的连接处也采用两个独立的插头。

2. CRH_3型动车组列车控制与监控系统硬件

CRH_3型动车组列车控制与监控系统硬件主要包括中央控制单元(CCU)、MVB Compact I/O、MVB Compact Pt100、SIBAS KLIP Station、中继器等。

(1)中央控制单元CCU

在每列头车的司机室内，即每个牵引单元，有两个中央控制单元。其中一个CCU在主控方式下工作，另一个CCU在从控方式下工作。在主导司机室的CCU称为主导主控CCU，除了主控CCU的工作外，它还进行整个动车组更高级别的控制。临近牵引单元的主控CCU成为引导主控CCU。

1)中央控制单元的主要功能。中央控制单元是动车组的控制单元，用于整个动车组的控制和通信。所有连接到列车通信网络的单元都通过车辆总线MVB、列车总线WTB和CCU实现信息传输。

中央控制单元主要负责列车重联控制、车辆总线管理、列车级控制及列车故障诊断。根据司机指令、列车保护系统指令和列车状态信息，经过逻辑处理后，形成列车控制指令并发布到各个控制单元，把列车的状态信息和故障诊断信息通过司机台指示灯和显示器反馈给司机和维护人员。

2)中央控制单元的主要组成。中央控制单元的结构如图6-26所示。主要由网关、车辆控制单元、输入/输出管理单元、MVB通信模块、数字量输入/输出模块、模拟量输入/输出模块、电源模块等组成。

在一个牵引单元内有两个网关，但只有主控CCU上的网关参与WTB和MVB通信，从CCU上的网关没有被激活。此外，网关还负责动车组的初运行工作。

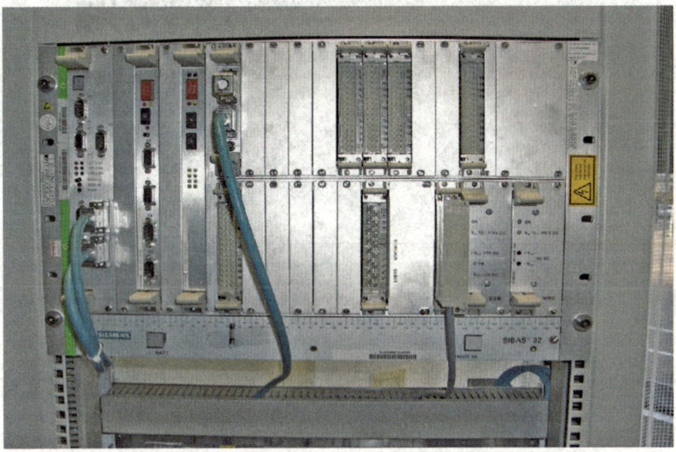

图 6-26　中央控制单元

3)中央控制单元的主从转换。正常运行时,在头车的两个控制装置交替作为主 CCU 功能,即每次车辆接通电源(电池接通)进行主从工作变更。

在下列情况下,也进行 CCU 的主从转换:电池电源接通时;停放和自动整备状态开始时;动车组进行配置时。

由于某些故障原因,引起 CCU 的主从转换:主 CCU 模块故障(如操作系统问题);主 CCU 主要部件故障(如电源模块、I/O 模块等);主 CCU 的 MVB 接口或 MVB 总线管理器故障;主 CCU 的一个网关模块故障;激活司机室内 CCU 故障开关 。

(2)分布式输入/输出站

通过分布式输入/输出站将数字信号、模拟信号传输到 MVB 总线上。SIBAS KLIP Station 带有许多不同数字 I/O 通道(110 V DC)和模拟量输入/输出通道。如图 6-27 所示。

(3)MVB Compact I/O

作为具有较多的输入和输出通道的紧凑装置的分布式输入和

图 6-27 SIBAS KLIP Station

输出站，主要用于接收司机室内的专门信号，例如，来自按钮、开关、指示器、断路器、编码插头和主控制器的信号。

一个 MVB Compact I/O 站有 2×16 二进制输入、1×8 二进制输出以及两个数字式位置编码器接口的数字输入，如主控制器（10 个通道）。信号电压为 24 V DC。

（4）MVB Compact Pt100

MVB Compact Pt100 用于记录 Pt100 温度传感器的分布式输入站。该模块可采集 20 个 Pt100 温度传感器的输入。

（5）中继器（Repeater）

中继器用来对信号进行放大和对信号进行处理，消除干扰，提高 MVB 总线的长度和连接到 MVB 总线上设备的数量。

（6）人机界面（MMI）

人机界面主要用于显示所有连到总线上的系统状态、列车的基本运行数据、列车状态信息和故障诊断信息。

每个动车组有 5 个显示器，每端司机是各两个，另一个位于酒吧车的乘务员室。这些显示器用于列车的通信与控制系统与列车乘务人员间进行信息交流。

一个司机室内的显示器之间通过以太网接口相互连接，不在一个司机室内的显示器之间通过列车总线和车辆总线交换信息。

动车组是一个有许多分散的控制单元的复杂系统，诊断系统的目的是尽早发现故障，尽可能地确定故障部位并在显示器上显示出来。诊断的目的还在于增加列车的可用性，减少维护工作。

连接到车辆总线(MVB)的所有电气列车系统都包括在诊断之中。对于没有连接到车辆总线(MVB)的系统(如接触器、断路器或火灾报警系统)，通过 SIBAS KLIP Station 读出相应信息，并由 CCU 进行故障诊断。

司机/列车乘务员的 MMI 中的子系统和中央动车组诊断通过车辆总线(MVB)经常交换数据。通过冗余司机的 MMI 间连接的以太网在两个 MMI 之间用于数据比较和数据交换。在动车组的两端司机室内的司机 MMI 的诊断系统通过 WTB 列车总线连接。

集成在动车组司机室和乘务员室内的 MMI 上的诊断系统具有下列功能：

1)中央动车组诊断系统(处理子系统全部诊断事件的输入)。

2)信息系统和可视设备(司机、乘务员及维护保养人员故障预览)。

3)人工故障输入。

4)通过 GSM 移动无线电系统提前将诊断情况报告(远距离数据传输)给地面维护人员。

3. 列车控制与监控系统主要功能

(1)中央控制单元 CCU

主 CCU 负责所在牵引单元内车辆控制，从外围设备和列车总线(WTB)读取命令和信息，并向列车总线(WTB)发送控制信号和反馈信息。此外，主 CCU 进行下列工作：

1)受电弓和主断路器控制。

2)牵引控制单元的牵引设置点生成。

3)变压器保护。

4)车载电源控制。

5)前端车钩和导流罩控制。

6)生成各控制单元的更高级命令,例如车门、HVAC、照明等。

7)安全环路、火警系统和转向架诊断监视。

8)通过分布式输入/输出站(SIBAS KLIP Station,MVB Compact I/O)实现数字量和模拟量的输入和输出。

9)动车组停放和自动整备控制。

10)实现故障诊断并通过 MVB 总线和 WTB 总线传输诊断信息。

11)通过网关连接到列车总线(WTB),确定动车组配置。

从 CCU 和主 CCU 运行相同程序,但没有主动控制过程。从 CCU 监视主 CCU 的状态,并在主 CCU 发生故障时,随时接替主 CCU 的工作,主、从 CCU 同时运行的高压设备硬件保护功能除外。

除了上述主 CCU 的工作之外,列车主 CCU 还进行整车的更高等级的控制:

1)检测司机操作台上的控制元件。

2)整车的牵引设置点生成。

3)速度自动控制。

4)更高等级的列车控制功能,例如司机安全装置。

5)更高等级的连挂/解编控制。

6)列车保护系统与列车控制系统的接口。

7)更高等级动车组停放和自动整备控制。

(2)牵引控制单元(图 6-28)

在两个头车以及 IC03 和 IC06 车有 4 个牵引控制单元

(TCU)。主 CCU 通过车辆总线(MVB)向 TCU 为牵引系统发出设置点的值,并通过 TCU 从牵引系统接收状态信息。牵引装置的重要控制命令由 TCU 通过输入/输出通道直接读出/发送。

图 6-28　牵引控制单元

(3)制动控制单元

至少在每辆车中可看到一个制动控制单元(BCU),在头车中两个,用于冗余。

1)头车中的 BCU 实现对本牵引单元的制动管理。

2)单车的 BCU 实现本车制动控制和诊断,包括防滑功能。

(4)充电机控制单元

电池充电器控制系统连接到酒吧车(BC04)和一等车(FC05)内的 MVB 总线。电池充电器(BC)产生 110 V DC 负载的供电电压和从 3×440 V AC 60 Hz 电压中产生向车载蓄电池的充电电压。

(5)辅助变流器控制单元

辅助变流器控制单元连接到变压器车(TC02 和 TC07)中以及酒吧车(BC04)和一等车(FC05)中的 MVB 总线。每个辅助变流器单元(ACU)提供 3×440 V AC 60 Hz 电压,提供 3×400 V AC 50 Hz 外部供电电源。

(6)车门控制单元

车门控制单元连接到每辆车的车辆总线(MVB),它包括到内、外车门下级控制单元的连接。车门控制单元执行内、外车门的全部控制功能。

(7)HVAC 控制系统

HVAC 也通过每辆车的 MVB 总线连接到列车通信和控制系统,用于中央控制和诊断。空调系统的基本功能通过司机室的 MMI 和酒吧车的列车乘务员的 MMI 进行操作。

(8)卫生间控制单元

卫生间控制系统通过 SIBAS KLIP Station 连接到列车通信和控制系统,对中央动车组诊断系统的基本的 WC 功能和诊断信息通过此连接得到控制。

(9)旅客信息系统

旅客信息系统(PIS)用于旅客视听信息、列车员通信和旅客娱乐。旅客信息系统的中央系统控制器通过车辆总线(MVB)连接到列车通信和控制系统。

(10)火灾报警系统

火灾报警系统是一个带有烟雾探测器的独立系统,火灾控制器作为连接到列车通信和控制系统的接口,发出报警、故障和运行状态信号。通过 SIBAS KLIP Station 连接到列车通信和控制系统。

4. CRH_3 型动车组诊断系统

诊断系统的任务是在动车组运行、维护和维修期间对动车组司乘人员提供技术支持和维护保养指导。前已述及,动车组是一个有多个分散单元的复杂系统,诊断系统可确认、评估、报告在所有操作模式中可能发生的多数错误,并给出操作指导。诊断系统集成在动车组司机室和乘务员室的 MMI 中,称为"动车组中央诊断系统"。

(1)诊断系统(在三种动车组操作模式下分析子系统的状态)

1)开车前的任务。子系统的监视功能，动车组开车前所需必要的功能测试(制动、紧急制动环、乘客紧急制动、指示器)，这些测试可手动和自动操作。检测结果传给动车组中央诊断系统并存储(失电后故障记录不丢失)。

2)开车中的任务。动车组有关的运行参数和数据由子系统和动车组中央诊断系统实时监测并报告可能发生的偏差和错误。当检测到监控数据的临界值时诊断系统会告知列车员并提供相关的补救措施。

错误原因由子系统收集，导致的功能限制报告给动车组中心诊断系统，再将功能限制和补救措施报告给列车员。

错误原因、环境数据以及相应的日期、时间和车厢号被存储。它可以被维护和检修人员用外部诊断工具读取后参考，对维修可提供支持。

列车员的错误操作可被控制系统发现(技术上可能)并由诊断系统存储。

3)系统检查和维修任务。诊断系统对维修人员处理故障提供支持，诊断系统诊断范围包括：制动系统(制动控制，制动系统监视，防滑保护)；牵引系统(牵引控制，牵引系统监视)；门系统(门控制，门设备监视)；空调系统(HVAC 控制，加热通风和空调设备的监视)；旅客信息系统；列车自动保护系统，可向诊断系统提供诊断信息；辅助变流单元；充电机；中央控制单元；人机接口；高压系统(主断路器)；车载电源，断路器的监视，车载电气系统管理；空压机(压缩机监视，空气压力监视)；火警系统；卫生间系统(WC)；安全环(紧急制动环，门安全环，乘客紧急制动环)；转向架；内外照明。

与 MVB 没有直接接口的子系统可用 I/O 模块(SIBAS KLIP Station)与中央控制单元进行通信。

(2)动车组中央诊断单元的层次

动车组中央诊断单元分两个层次：MVB 单元层次；动车组层次。

MVB单元的事件和动车组的事件由动车组中央诊断单元来收集。在单列动车组上，诊断信息显示在作为头车的MVB单元的MMI上。重联动车组(16节车)上，后部EMU的诊断信息被传输到前部EMU的司机的MMI上，与前部EMU的诊断事件一起显示在头车MMI上。给列车员的诊断信息由MVB单元产生，每个EMU收集各自的诊断信息，显示在每列动车组列车员的MMI上。给列车维护人员的诊断信息由MVB单元层次产生，每个EMU收集各自的维护保养信息，并用远程数据传输传给维护人员。

1)子系统诊断。子系统分两类：一类为带有诊断系统的子系统，诊断信息存储在具有带电保持功能的存储器里；另一类为没有诊断存储器的子系统。

带有诊断系统的子系统可防止连续的故障发生，故障原因存储在自身的存储器里，相应的缺失功能报告给动车组中央诊断单元。这些子系统有满足UIC557的RS232接口，允许维修人员用与子系统一起交货的诊断工具来进行信息读取和评估。

没有数据存储器的子系统或元件(如接触器，熔断器，照明等)，信号是二进制式的，这些系统或元器件经CCU报告给中心EMU诊断。

2)车辆诊断。车辆诊断在EMU的不同车上是间接进行的，因为子系统和它的元件是由整列车来指定的。但诊断信息可以分配给一辆车，因为它们是由相应的车辆识别号来传输和存储的。

3)动车组中央诊断单元。动车组中央诊断单元可收集、处理、存储由子系统报告的故障。它可显示这些数据给列车人员，并可显示个别操作条件下的故障处理办法。给司机和动车组工作人员的操作提示可显示在司机室和乘务员室的MMI上。给地面维修人员的提示可远程进行传输。

由车载诊断存储的诊断数据可经子系统的服务接口读取和评估。诊断信息的确认可在司机和列车员的MMI上显示。

(3)诊断系统的任务

车载诊断系统一直监视动车组的各个系统的状态,一旦发现故障,立即传送到动车组中央诊断单元。

从控制系统到所有子系统诊断单元的诊断信息传送是单向的,诊断事件不会传送回控制系统,诊断与控制是互相独立工作的。

1)中央诊断计算机的任务。动车组的中央诊断单元主要实现下列任务:

①车辆内部事件的接收。

②带有附加信息(如设置/复位时间)的列车内部事件的存储。

③由诊断事件(功能限制)生成的文本和内存码信息,可由服务接口读取。

④维修和服务人员可利用相应的工具从中央诊断单元读取故障信息。

2)子系统诊断。子系统诊断集成在子系统的应用中,如外部传感器信号、MVB、硬件信号、系统状态可被利用。在自诊断中,负责控制和监视 EMU 系统和元件的所有子系统对技术环境进行诊断,尽可能避免连续的故障。这些可根据 EMU 的瞬时状态的基本条件来做,诊断事件在接近发生的位置处被记录。诊断是事件导向的,如在计划情形下,一个偏差被发现并对列车人员或车间产生重要信息提示,子系统会产生所谓的诊断事件,并经 TCN 总线报告给中心 EMU 诊断系统。

子系统诊断可防止自身范围内的连续故障,必要的列车控制状态作为过程数据经 MVB 总线提供。发生故障时相关功能限制传输给中心 EMU,在子系统中对子系统单一故障的功能限制进行概述。每个子系统都可用服务软件对自身的诊断存储进行读取和删除(RS232 串口)。

(4)诊断目的

1)司机故障诊断。动车组的功能限制和故障显示在 5 个

MMI上，所有与司机相关的错误信息在司机错误总览中，在引导MVB单元的司机MMI中，只有对司机的诊断事件可以查看。在单车和联挂车的两种情况下，都有所有的与司机相关的诊断事件。司机可查看每一个故障信息的解决方法，来使列车可继续安全运行，也可能在一些功能限制下运行。

在故障没解决的情况下，有下列两种状态：

①从发生到现在还没有被司机或列车员解决的故障，确认故障信息显示还没有解决的故障，用选择相应的解决信息来确认故障。

②已解决的故障不再在故障总览中显示。

2)列车员故障诊断。列车员故障诊断事件显示在列车员的MMI上，在单车和重联车上，都有与各自列车员相关的诊断事件(列车员故障总览有维修文本和其他技术信息)。

列车员MMI上的故障总览与司机MMI上的故障总览很大程度上相同，当“V>0”和“V=0”的软键按下时，显示与列车员相关的维修文本。

3)输入故障诊断。对不能自动诊断的故障(如坐椅)，司机和列车员可手动从故障描述的指示范围输入事件，它和自动产生的诊断事件一起用远程数据传输报告给维修。这种手动输入的诊断信息称为输入故障。在MMI上提供一适当的用户对话。

4)维护故障诊断。因为只有部分诊断事件在司机错误总览上显示，所以列车上维护列车的人员应有自己的故障总览。在端车上司机MMI上的故障总览和在列车员MMI上的故障总览包括所有与服务和维护相关的EMU功能限制。维修EMU的功能限制在各自EMU的两个MVB单元上的维修记录上的故障维修总览上。

在MVB单元的司机MMI上的维修史记录可有规则地进行更新，包括所有的维修MVB单元的诊断事件的输入输出变化。在EMU的正常操作条件下，在一个维修周期内(7 d)循环记忆的维修记录不应有任何溢出。

在“没解决事件”的模式下，显示保持详细的动车组现有诊断事件(白色边框)。维修人员可随时参考现有的没解决的维修事件的状态。

(5)诊断事件的设置和重置

1)列车人员诊断事件。一旦在 MMI 上的故障总览上有功能限制被报告，列车人员诊断事件就应设置。它应能保持到列车员改变它或要求开始更新。不论如何，它应保持到确保被读取的时候，如果没有合适的重设依据，必须确定一个合适的操作。

2)维护人员诊断事件。一旦一个故障被确认，就应设置维护诊断事件，确认解决后才可重设。确认可评估故障是否存在后，方可改变诊断事件的状态。

(6)维护事件的优先级

每一个诊断事件用一个维护优先级来评估。中心 EMU 诊断有 5 种不同的维护优先级(0,1,2,3,4)。优先级别涉及事件瞬间的状态，每一个元件/功能报告评估它的维护优先权的操作情况，从马上维修到列车必须停止服务来推迟维修直到下一个维修周期。

(7)维修数据的无线传输

所有的维修事件由中心 EMU 诊断系统自动记录，或者由列车人员手动记录，可在停止或运行状态下用远程数据传输报告给一固定的站点。

用 GSM 系统进行远程数据传输，接口符合 GSM 标准。由 EMU 的司机 MMI 软件按固定要求进行数据传输。每一个诊断事件中，故障诊断代码、发生故障车车号和发生时间被传输。

司机可随时进行远程数据传输，也可指定司机在合适的时间/地点开始基于路线/时间表的远程数据传输来进行操作/维护接收的数据用于下一次进车间维修工作的准备和计划。维修可用远程传输的数据来确定错误和准备 EMU 到达时的工作。

每一个 EMU 装配有两个冗余远程数据传输装置，在 EMU 的司机室内有一个远程数据传输装置，如果一个远程数据传输装置故障，则可用另一个来进行传输。在重联情况下，每一个 EMU 传输各自的数据用于维修。

远程数据的传输是单向的，如仅由列车控制。如果有第三方要求传输存储的数据，则必须用电话通知司机，司机可手动开始数据传输。

6.3 ALSTOM 公司的列车控制与监控系统

CRH_5 型动车组列车控制与监控系统是由 ALSTOM 公司意大利 SESTO 工厂研制开发的 LORE System。该工厂从 2000 年开始研制符合 TCN 标准的列车控制与监控系统，目前该产品主要应用在 CRH_5 型动车组和 NEW Peduolino 动车组上。

CRH_5 的列车网络控制系统通过传输信息和控制命令，对车上的主要设备进行管理。整个系统的网络架构采用 TCN 标准，为提高可靠性，对于重要部件采用了冗余设计。该系统通过车载网络完成对牵引、制动、辅助供电、转向架、空调、旅客信息系统、门等单元的监视和控制。

列车网络控制系统与不同车辆子系统接口，并从每个车辆接收一组信息。信息的数量与系统的复杂性和获取与处理诊断信息的容量有关。对于由微处理器控制的主要单元，对系统的每个部件的正确操作进行精确的分析，并将处理过的信息发送到命令、控制与诊断系统。而且，每个微处理器控制的电源模块具有启动和运行自动测试功能，可以提供与各自电子板有关的诊断信息。主要诊断的项目包括列车的牵引、制动及控制系统的状态；走行部件的安全性；旅客安全相关设施的状态（如车门关闭状态等）；各类电子电气设备；影响列车正常运行和使用的其他设施状态。

6.3.1　列车控制与监控系统拓扑结构

动车组配有一套基于多台计算机的系统，可控制并监控所有列车和车辆的相关功能（列车网络控制系统 TCMS）。其结构基于 TCN 标准（IEC 61375-1），具有 WTB（列车总线）和 MVB（车辆总线）串行接口，使用两个冗余的 MPU 模块，每个动力单元一个。两个动力单元通过网关进行动力单元间和联挂列车间的通信。此外还有一个 CAN 总线标准的车辆总线，仅用于次要设备的诊断。系统具有完善的冗余和控制、诊断和监视以及故障存储功能。网络体系结构如图 6-29 所示。

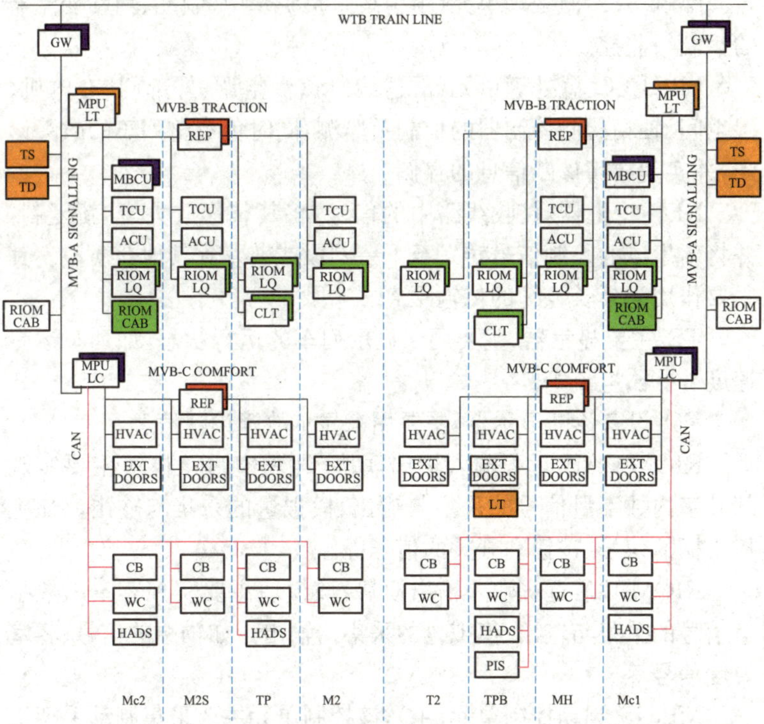

图 6-29　CRH5 型动车组列车控制与监控系统拓扑结构

从两个 MPU(冗余设计)对每条总线进行控制。根据设备的数量或线路的长度,可利用“中继器”来增加 MVB 总线的长度。网关主要实现列车总线 WTB 和车辆总线 MVB 通信协议的转换,并实现车辆编组的自动配置。图 6-29 中显示的主要设备被连接在 MVB 总线上。非智能设备通过远程输入/输出模块(RIOM)与 TCMS 系统接口。RIOM 被分布在每辆车中,从而减少配线和相应的重量。在每个重要位置上均预留冗余的 RIOM。

图 6-29 中各部件的名称及功能说明如下:

GW:WTB/MVB 网关,主要实现列车总线 WTB 和车辆总线 MVB 通信协议的转换,并实现车辆编组的自动配置。

MPU LT:微处理单元(牵引线),负责牵引、制动、辅助变流器的控制与监控。

MPU LC:微处理单元(舒适线),负责空调、外部门、充电机、卫生间、轴箱检测控制器的控制及监测,同时负责整列车的故障诊断,并实现故障诊断信息的存储。

REP:中继器,接收线路中的信号,将其整形放大、重新复制,并将新生成的复制信号转发至下一网段或转发到其他介质段。其主要作用为延长电缆的传输距离。

TS:主要显示器,主要用来显示列车的运行状态,如列车运行速度、网压、电流等。

TD:设备诊断显示器,主要用来显示故障诊断信息。

RIOM CAB:远程输入输出模块(驾驶室),该模块主要实现驾驶室内数字量信号的采集与输出、模拟量的采集与输出。如主控手柄的信号、按钮和开关的信号等。

RIOM LQ:远程输入输出模块,该模块主要实现客室内数字量信号的采集与输出、模拟量的采集与输出。如轴温的信号、客室温度信号等。

MBCU:制动控制单元(主),该控制单元主要采集制动手柄级位和相关信号,并进行相应的运算,计算出所需的制动力,控制制动器工作。通过制动总线和本单元的其他制动控制单元通信，同时通过 MVB 总线和 TCU 通信。MBCU 同时监控本单元制动系统的工作状态和故障诊断信息，并通过 MVB 总线向 MPU LT 传递。

TCU：牵引控制单元，采集牵引手柄级位及相关输入信号，并进行相应的计算，对变流器实施控制，满足牵引控制要求。同时负责监控变流器的工作状态并实施故障诊断，将状态信息和故障诊断信息向 MPU LT 传递。

ACU：辅助供电控制单元，控制辅助变流器的打开与关闭，并使辅助变流器按要求工作。同时负责监控辅助变流器的工作状态并实施故障诊断，将状态信息和故障诊断信息向 MPU LT 传递。

HVAC：空调控制单元，根据空调控制命令实现空调系统工作控制。同时负责监控空调的工作状态并实施故障诊断，将状态信息和故障诊断信息向 MPU LC 传递。

EXT DOORS：外部门，实现本车外部门的打开和关闭控制，并和 MPU LC 进行通信，实现门的集中控制，同时负责监控门的工作状态并实施故障诊断，将状态信息和故障诊断信息向 MPU LC 传递。

CB：充电机控制装置，充电机由中压线直接供电，当出现中压时，充电器自动启动（除非启动被 TCMS 通过 RIOM 禁止），TCMS 通过 RIOM 读出充电机的相关状态（如操作、故障等），通过 CAN 总线获取详细的诊断信息和电压信号。

WC：卫生间，卫生间的控制单元通过 CAN 总线和列车控制与监控系统交换状态和故障诊断信息，卫生间的占用（不占用）可在相关的客室显示屏上显示。

HADS：轴箱检测控制器，可实现轴温检测和不旋转轴检测，通过和 TCMS 系统通信驱动司机台上的指示灯。同时负责将状态信息和故障诊断信息向 MPU LC 传递。

CLT：本地牵引控制单元，该单元包括一个专用的处理器、

MVB接口板、相应的输入/输出设备及配套软件，主要负责高压电路保护、电流不平衡保护及谐波电流检测。

LT：本地显示器，本地显示器主要向列车乘务人员和维修人员提供信息。其中为乘务人员提供的信息与驾驶操作无关，但需要乘务人员采取相应的校正行为，这些信息不会被永久保存。为维修人员提供的故障信息不能自动显示，但却是永久存储的，供维修人员使用，这些信息只能够通过删除的方法重置。

PIS：旅客信息系统通过和TCMS进行通信，实现下列主要功能管理：外部显示/路线指示、乘客室中的内部显示、用于娱乐的LCD/TV屏幕。

6.3.2 列车控制与监控系统信息传输协议

在CRH_5型动车组列车控制与监控系统中，主要采用三种总线实现信息传输，即WTB列车总线、MVB车辆总线和CAN总线。

1. 列车总线WTB

(1)两个动车组之间的连接通过穿过头车自动车钩的“WTB”(列车总线)型冗余链路来实现。

(2)此总线是TCN网络的一部分，它在长度因挂钩/摘钩操作而发生变化时可以实现网络的动态重组(网关重新编号)。

(3)该总线使用具有可控阻抗的冗余介质，其传输的信息速率约为1 Mbit/s，传输距离为860 m，22个节点，备用节点4个。

(4)网关的轮询周期约为50 ms。同一总线还用于两个单元之间的通信。

2. 车辆总线MVB

(1)车辆总线为MVB(多功能车辆总线)EMD类型(电气介质距离)。

(2)该总线使用具有可控阻抗的冗余介质，其传输速率约为1.5 Mbit/s。最大传输距离200 m，32个节点(设备)。

（3）备用节点至少每段为 20%。用于处理数据的备用带宽约为 30%。

（4）在此总线上可以使用不同的轮询周期：从用于快速信息的 32 ms 到用于较次要信息的 512 ms。

（5）每个单元有 3 条车辆总线：牵引、服务设施和信号。

3. 车辆总线 CAN

（1）用于诊断在性能和冗余方面均没有特殊要求的较次要设备诊断数据的传输。该总线使用具有可控阻抗的非冗余介质，信息传输的速率约为 38 400 bit/s。

（2）最大传输距离 500 m，32 个节点。

6.3.3　列车控制与监控系统硬件

在 CRH5 型动车组列车控制与监控系统中，硬件主要包括：网关、主处理单元、远程输入输出模块、显示器、中继器、导线等。

1. 网关（图 6-30）

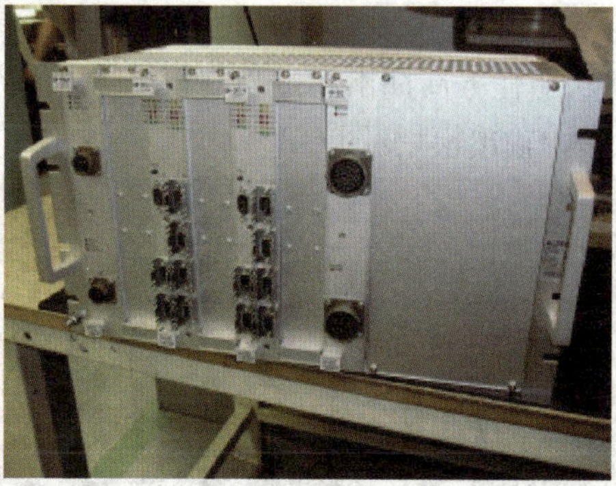

图 6-30　网关

（1）网关可以实现列车总线与车辆总线之间的双向信息交换。

（2）每个网关与列车总线之间以 128 字节的报文（周期数据）交换与单元相关的信息，并接收来自整个列车中其他网关的同类信息。

（3）网关为完全冗余（电路板、连接器、电源等）。

2. 主处理单元(MPU LT,MPU LC)(图 6-31)

图 6-31 主处理单元

(1)MPU(主处理单元)负责对其所在单元进行指令和控制,同时对设备的运行状态进行监测,是所在牵引单元的核心处理器。

(2)在每一单元中有 2 对 MPU。其中的 2 个(MPU LT)控制牵引和信号设备,而另外 2 个(MPU LC)则控制服务设施和 CAN 车辆总线上的所有设备。

(3)MPU 功能任务周期不超过 100 ms(目标值为 50 ms)。

3. 远程输入/输出模块(图 6-32)

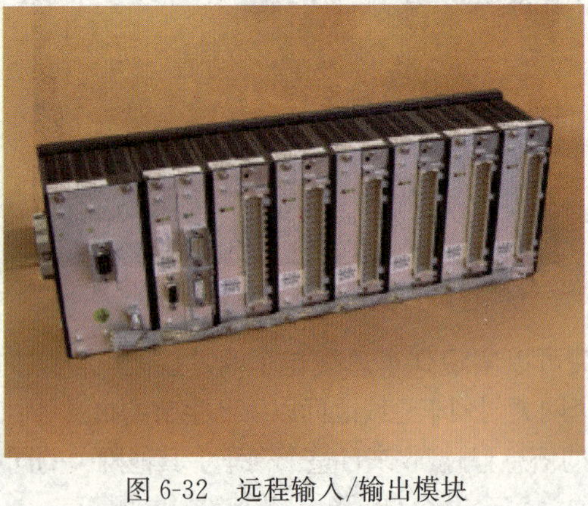

图 6-32 远程输入/输出模块

RIOM（远程输入/输出模块）为 MPU 采集信号并执行由 MPU 发送的输出命令。它们通过车辆总线与 MPU 进行通信。

每个 I/O 部件可以有不同类型的输入/输出：数字输入（以电池负极为参考的数字信号）；模拟输入（电流或电压模拟信号）；数字输出（继电器触点，用于断开 RIOM 与外部电路的连接）；模拟输出（电流或电压模拟信号）。

4. 监视器

（1）司机台监视器（图 6-33）

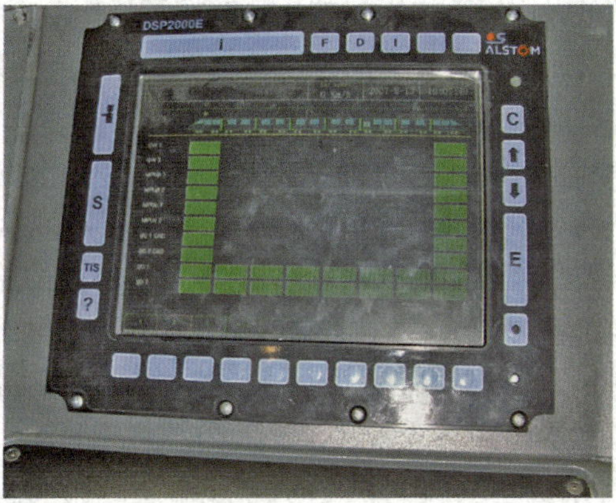

图 6-33　司机台监视器

驾驶台上有 2 个分别命名为 TS 和 TD 的监视器。监视器为彩色 TFT 显示器。屏幕尺寸 10 in，其分辨率为 800 × 600（SVGA）。

监视器带有加热器和风扇，可在低、高环境温度下使用。监视器具备“节电”模式功能，可以延长寿命，车长室和后司机室的显示器在一定时间不使用后自动关闭。监视器使用的语言为中文。

1）TS 监视器。TS 监视器以图形化方式向司机显示主要驾驶信息值（即线电压、线电流、力矩等）。司机可以用屏幕周围置放的一组按键操作监视器。也可以使用这些按键向设备发送全局性或选择性命令。司机还可以在专门菜单中通过操作显示器按键的形式手动切除某些设备。

2)TD 监视器。TD 监视器向司机显示有关整个编组(2 组动车组重联为长编组的列车)全部设备的所有诊断信息。

司机可看到和操作以下内容:

①所有被监视设备和组件的状态(启用、停用、故障、被排除等)。

②具有操作指导的自动报警(在故障情况下)。

③司机可以用屏幕周围置放的一组按键操作监视器。也可以使用这些按键向设备发送全局性或选择性命令。司机还可以在专门画面中通过监视器手动排除掉某些设备。

(2)本地监视器

仅在一辆车的低压电气柜或列车长室中设本地监视器,本地监视器与驾驶台监视器的技术特性相似,但属不同的监视器。

根据操作者的要求,本地监视器可显示其他车辆的诊断信息。

本地监视器的主要功能是:显示主要本地信息(制动缸压力等)的默认画面;发送本地命令(设置乘客车厢温度、灯光等);对动车组乘务人员显示自动报警;显示车辆设备的状态;显示车辆的故障信息。

5. 中继器(图 6-34)

图 6-34 中继器

中继器的主要作用是延长电缆的传输距离。中继器接收线路中的信号，并将其整形放大、重新复制，然后将新生成的复制信号转发至下一网段或转发到其他介质段。

6.3.4　列车控制与监控系统软件

列车控制与监控系统软件主要包括应用软件、应用程序的上载软件、调试软件、故障下载软件。

1. 应用软件

应用软件主要功能是实现整列车的控制、监测和故障诊断，同时实现整列车的信息传输。CRH_5 型动车组中 MPU 应用软件的开发工具为 MATLAB 中的 Simulink 工具箱，网关节点数据库的开发使用的软件为 CSS。

(1) MPU 应用软件的开发过程

MPU 应用软件的开发过程如图 6-35 所示。

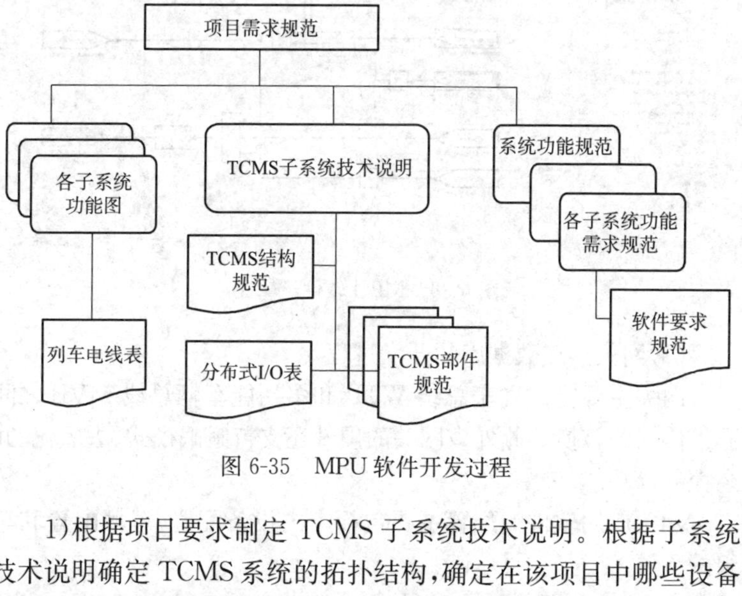

图 6-35　MPU 软件开发过程

1) 根据项目要求制定 TCMS 子系统技术说明。根据子系统技术说明确定 TCMS 系统的拓扑结构，确定在该项目中哪些设备和 TCMS 系统进行信息交换，根据 TCMS 系统的需求确定 TCMS 系统的主要部件和分布式输入/输出表。

2)根据项目要求制定各子系统的功能需求规范，确定 TCMS 系统中各设备通过 MVB 总线交换的数据信息(即各子系统的源变量和宿变量的列表)，并根据各子系统的功能要求规范利用 MATLAB 的 Simulink 工具箱编制各子系统的控制逻辑图。

3)将各子系统的控制逻辑图和分布式输入/输出表相结合，同时编制网络通信部分程序，然后利用 MATLAB 的 Simulink 工具箱对所编制的控制逻辑图进行编译，生成应用软件。如图 6-36 所示。

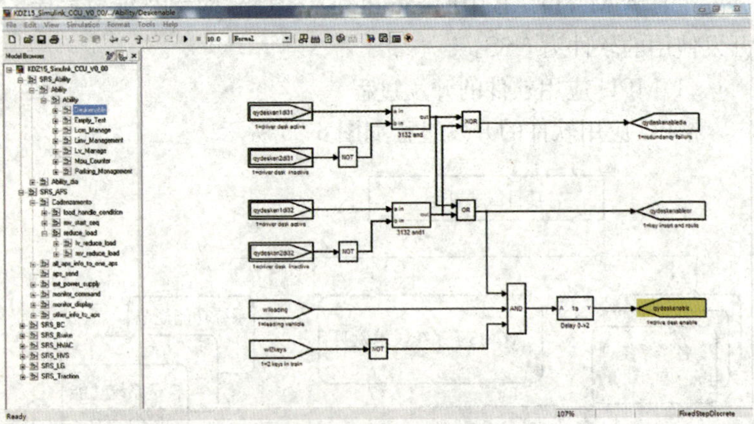

图 6-36 MPU 软件逻辑图

(2)网关节点数据库的开发过程

网关主要完成列车总线 WTB 和多功能车辆总线 MVB 之间通信协议的转换。此外该网关的硬件还支持睡眠模式、去氧化、冗余控制等功能。

网关应用软件的配置主要包括车内设备配置、车辆配置和车组的配置。

1)车内设备配置。进行网关配置时，首先配置车内设备，其配置界面如图 6-37 所示。包括创建新的车内设备、加入原型设备及属性等。其配置顺序如下：

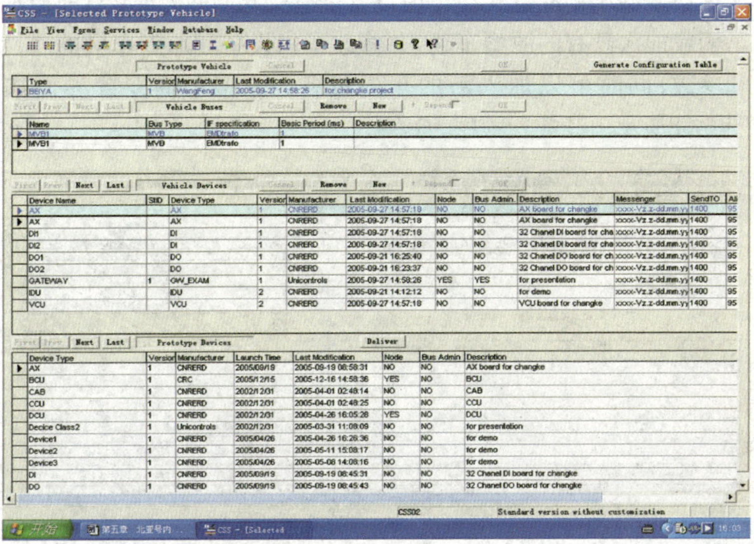

图 6-37　车内设备配置界面

①创建新的原型设备。

②指定所创建的原型设备的参数(包括节点变量、消息参数、节点参数及用户自定义参数等)。

③指定原型设备的静态功能。

④加入所创建的原型设备的通信存储器。

⑤指定原型设备通信存储器的链接参数。

⑥改变总线管理器参数。

⑦加入原型设备通信存储器所需的端口。

⑧加入原型设备通信存储器所需要的源端口。

⑨加入原型设备通信存储器所需要的宿端口。

⑩加入原型设备输出过程数据队列。

⑪加入原型设备输入过程数据队列。

⑫创建或修改缺省队列列表。

2)原型车辆配置。在车内设备配置完后,可以创建新的原型车辆或加入已有的原型车辆,并修改车内设备和原型车辆的属性和参数,同时可以加入新的车内设备。原型车辆配置界面如图 6-38所示。其配置顺序为:

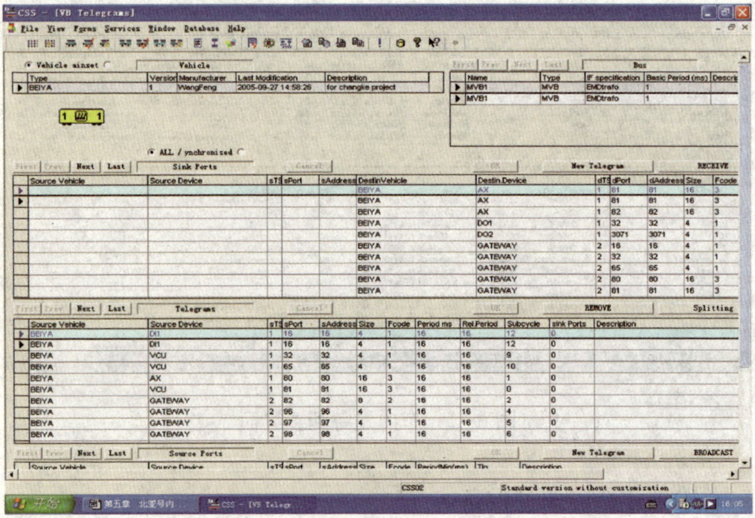

图 6-38　原型车辆配置界面

①创建新的原型车。

②加入所需要的原型车总线。

③指定原型车的静态车辆属性。

④加入所创建的原型车的车内设备。

⑤指定、加入、修改车内设备的设备参数(包括节点变量、消息参数、节点参数及用户自定义参数等)。

⑥选择所需要的站功能并改变站功能的值。

⑦创建新的功能和站目录。

⑧改变车辆设备通信存储器的某些功能。

⑨改变通信存储器链接参数的值。

⑩改变总线管理器参数。

⑪改变车辆设备通信存储器端口属性或增加新的车辆设备端口。

⑫改变车辆设备源端口属性或增加新的车辆设备源端口。

⑬改变车辆设备宿端口属性或增加新的车辆设备宿端口。

⑭改变车辆设备输出过程数据队列属性或加入新的车辆设备输出过程数据队列。

⑮改变车辆设备输入过程数据队列属性或加入新的车辆设备输入过程数据队列。

⑯改变缺省队列列表。

3)车组的配置。在完成原型车辆配置之后,可以创建新的原型车组并加入已有的原型车组。同时可以改变原型车组的属性和参数,车组车辆的属性和参数,车内设备的属性和参数。改变车内设备目标属性并加入一些新的车内设备。车组配置界面如图6-39所示。车组配置顺序如下:

①创建新的原型车组。

②加入所需要的原型车组。

③加入新的车组车辆形成新的车组。

④改变所创建的原型车组的车辆设备的参数。

⑤指定、加入或修改车辆设备参数(包括节点变量、消息参数、节点参数及用户自定义参数等)。

⑥选择所需要的站功能并修改站功能的值。

⑦创建功能和站目录。

⑧改变某些车内设备通信存储器的属性。

⑨改变通信存储器链接参数的值。

⑩改变总线管理器参数。

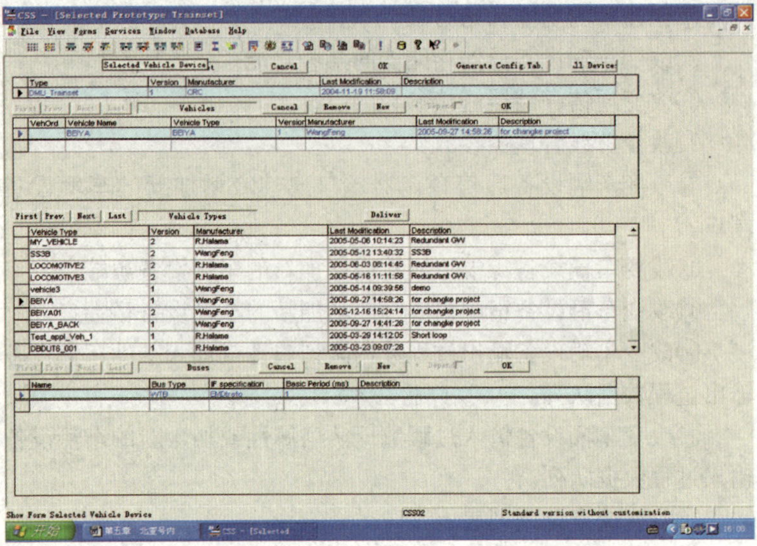

图 6-39　车组配置界面

⑪改变车辆设备端口属性或增加新的车辆设备端口。

⑫改变车辆设备源端口的属性或增加新的车辆设备源端口。

⑬改变车辆设备宿端口的属性或增加新的车辆设备宿端口。

⑭改变车辆设备输入过程数据队列属性或加入新的车辆设备输入过程数据队列。

⑮改变缺省数据队列。

4)创建 MVB 报文。

5)创建节点数据库并下载到目标设备上。

2. 应用程序上载软件(图 6-40)

MPU 采用 Flash32 软件对应用程序进行上载。将笔记本电脑和 MPU 的 RS232 接口相连接,通信正常后打开 Flash32 应用软件,将波特率设为 38 400。打开应用软件的存储目录找到应用软件,点击 Program 对应用软件进行上载。上载时不要关闭电源。

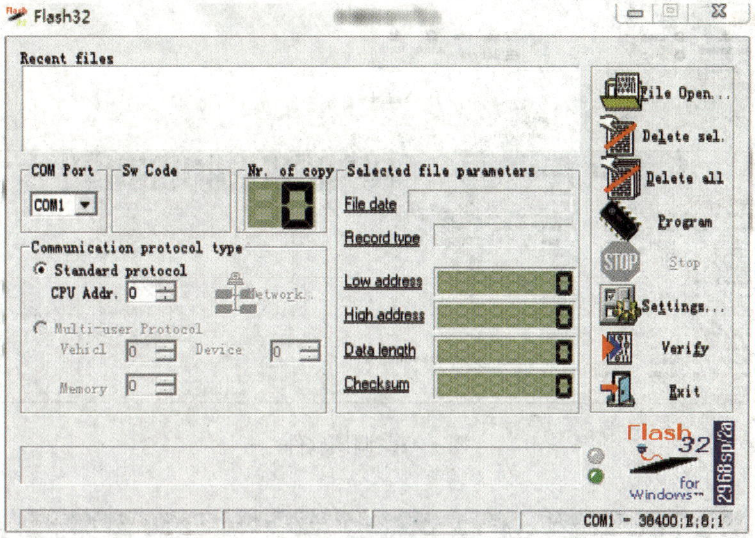

图 6-40　应用程序上载软件

3. 调试软件及故障下载软件

(1)调试软件(图 6-41)

调试软件主要用于对整个网络系统的通信质量进行检查和对某些变量进行监测。利用该软件可对网络的通信设备(包括牵引控制单元、辅助控制单元、制动控制单元、牵引本地控制单元、空调控制单元、门控单元)及远程输入/输出模块的通信质量进行检查,同时可对网络系统中的相关变量进行监测,对动车组的故障定位和排除提供帮助。

(2)故障数据下载软件(图 6-42)

该软件带有自动安装程序,点击安装程序,可实现软件的自动安装。注意此程序需要安装 Sersd98. exe、Converti. exe 以及允许正确工作应用所需的其他文件。

通过点击 Serlink98 文件菜单(点击鼠标右键)的方法,启动 Sersd98. exe 程序,执行数据下载。

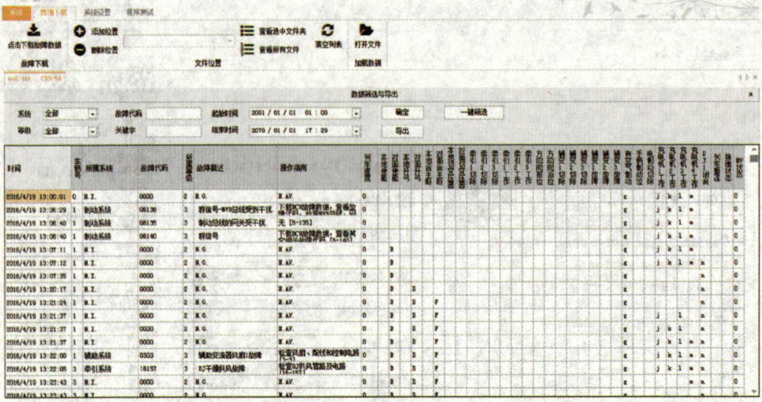

图 6-41　调试软件

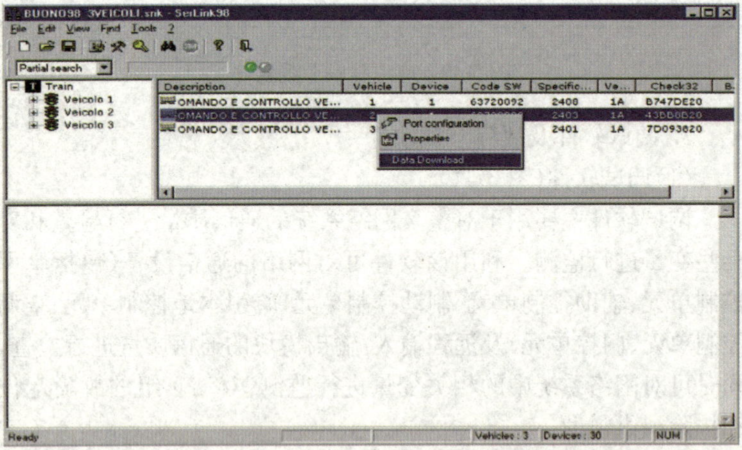

图 6-42　故障数据下载软件

1)数据下载。通过 Serlink98 激活数据下载，点击菜单，点击鼠标右键，并选择“Data Download”（数据下载）命令。

弹出窗口用于询问用户是否希望确认执行数据下载操作，或终止数据下载操作。如果用户终止执行此操作，窗口将关闭。反之，如果用户确认执行此操作，系统将开始数据下载，并用进度条显示下载进度，如图 6-43 所示。在实际情况下，当进度条显示完成时，表示数据下载已百分之百完成。

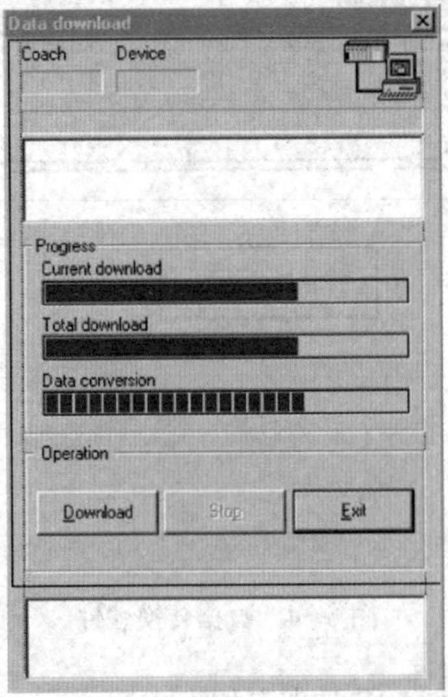

图 6-43　数据下载过程

在弹出窗口前，需有下载名称。此名称已储存在与笔记本相连接的装置的存储器中。用户可确定应用此名称或更改此名称。如果程序出现连续错误，系统将中断程序，并显示错误报告。如果下载程序正确，系统将显示“Download terminated Correctly”(下载已顺利完成)信息。

在下载程序完成后，相同的文件将被转换为 ASCⅡ格式。下载进度及转换程序，将包含在主窗口中。

2)数据转化。数据转化可从 Serlink98. exe 的工具菜单中执行。将用户诊断数据转化为 *. dat 格式文件。

程序用户界面如图 6-44 所示，允许用户将 *. dat 格式文件进行转换。

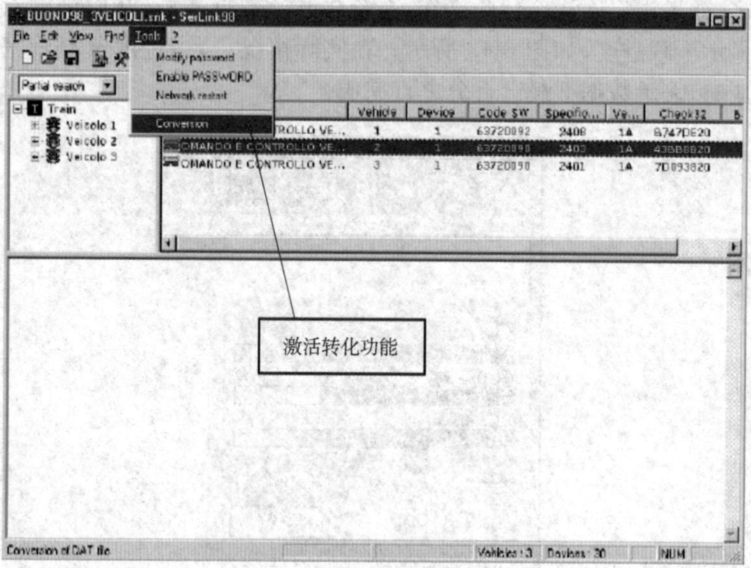

图 6-44　数据转换软件

在应用该程序前，需要指定如下内容：

①目标类型，*.dat 格式文件转换前格式。

②所需配置文件的存储路径（说明 Avarie. txt、Tabella. txt、Logici. txt、Converti. ini、Namefile. cfg 格式文件在配置文件的路径）。

③待转换文件的路径及名称（将其加入至待转换文件中）如图 6-45 所示。

④在用户转换文件阶段的最后，用户能够打开转化的文件（选择转化文件中的打开命令）。

6.3.5　冗余、故障对策及故障诊断

1. 冗余

控制系统重要部分采取冗余设计，系统冗余性排除了单一故

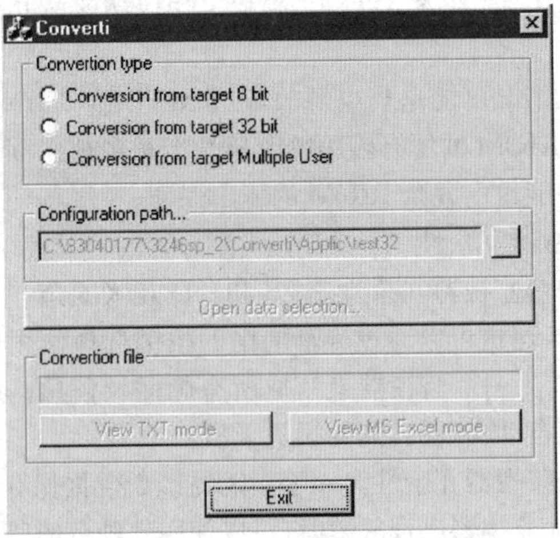

图 6-45　数据转换过程

障下影响冗余功能的可能性。冗余功能以并联连接的冗余输入和冗余输出实现。

(1)网关冗余性

只有一个网关启用，而另一个处于待机模式，并且可在已启用的一个网关发生故障时立即自动启动。为对这种情况进行管理，网关的两个部分通过一条内部串行总线(CAN)进行通信。同时还通过同一条串行线进行确定谁为主站、谁为从站的仲裁。

(2)MPU 冗余性

MPU 的冗余类型为热备冗余。两个 MPU 均可管理其 MVB 总线(单条或多条)。它们读取相同的输入，并执行相同的任务。

在故障情况下一个 MPU 会自动接替另一个 MPU。同一总线上的所有设备均由同一 MPU 发送指令。

(3)RIOM 冗余性

为实现冗余功能，RIOM 的输出继电器以并联连接。当一个输出出现故障时，其继电器将被释放。相应功能由冗余 RIOM 的输出保证。

最坏的情况可能是当电源故障或 MVB 接口故障时，在这种情况下，该 RIOM 的所有输出继电器均会被释放。同样在这种情况下相应功能也由冗余 RIOM 的输出保证。

(4)监视器冗余性

1)驾驶台监视器冗余性。TS 和 TD 互为冗余。当二者之一出现故障时，司机可以通过屏幕周围的按键选择作用模式(TS 或 TD)，以便从另一个监视器上获取所有画面及信息。此监视器的冗余性不是自动实现的，需要司机干预。

2)本地监视器冗余性。由于车辆的诊断数据保存在 MPU 内存中，在本地监视器出现故障时，可以使用驾驶台的监视器获得故障监视器的信息。本地监视器不设冗余。

(5)中继器冗余性

只有一个启用，而另一个处于待机模式，并且可在已启用的一个发生故障时立即自动开启。

2. 故障对策

(1)TCMS(牵引控制监视系统)均有故障自诊断、保存故障信息、必要的故障自排除及重要故障信息传送到司机监视器和本地监视器的功能。

(2)通过显示器，乘务员获得与各种列车设备状态相关的信息，并能通过预置的列表手动插入故障。

(3)可根据故障性质对其实施分类管理，并在司机或乘务员显示器上提供必要的故障处理。

3. 故障诊断

列车的诊断系统是提高列车的运行安全性及运行效率、便于维修及保养、保证列车可靠性的重要设施。

(1)诊断的级别

1)司机诊断。诊断信息可以在驾驶台监视器上获得，它将包括整个列车编组(2组动车组联挂)所有设备的相关信息。

在监视器上司机可以看到所有被监视设备和组件的状态(启用、停用、故障、已被排除等)。在需要司机干预的操作或故障中,屏幕上会自动出现报警信息,提示所出现的事件并给出操作指导。报警时会同时发出蜂鸣声。

2)乘务人员诊断。乘务人员的诊断信息可以在本地监视器上获得。默认页面显示主要的本地信息(制动缸压力等)。通过此监视器,乘务人员可以获得有关车辆设备状态的信息,并可使用预设的清单手动查询故障。此外,针对这些信息编码的报警信号也会自动出现在屏幕上。

3)维护诊断。TCMS系统还会采集每种智能设备的诊断数据,并对非智能组件进行诊断。诊断数据可以在本地监视器上获得,对诊断数据的访问权限使用密码保护。对于每条诊断消息,维护人员可以看到一项具体的操作指导,以帮助他们解决问题。诊断数据使用FIFO(先入先出)技术保存在MPU的内存(闪存,无电池)中,这样当内存已满且有新数据进入时,最旧的数据将被删除。不仅故障会被记录,而且还包括设备的状态变化、司机操作以及所有可能用于提供列车历史记录的信息都会被记录下来。每条诊断消息都是诊断数据库中的一条记录。记录机容量取决于专用于此功能的MPU内存量。对于每个动力单元(4辆车)约为250 kB,这就意味着对于每辆车要给出4 200条左右的记录。

诊断数据可以在内存中储存的时间取决于出现的故障或事件的数量。

(2)系统的主要诊断项目

1)列车的牵引、制动及控制系统的状态。

2)走行部件的安全性。

3)旅客安全相关设施的状态(如车门关闭状态等)。

4)各类电子电气设备。

5)影响列车正常运行和使用的其他设施状态。

(3)诊断系统的主要任务

1)识别部件的偶发性故障。

2)在部件故障时提供状态数据及对策。

3)记录列车故障数据。

4)为列车控制提供各相关部件的状态。

(4)诊断方式

1)列车自诊断系统,主要完成列车运行中各部件状态的监测及处理。

2)列车自诊断系统通过接口与其他地面系统结合进行复杂故障的诊断及处理。并提供在中文 Windows 环境下的信息转储与故障分析软件。

3)列车在运用维修基地的地面检测系统的诊断。

(5)诊断结果

诊断结果作如下处理:

1)在行车中将诊断结果送入车载计算机系统进行判断分类,而后给列车的控制发出相关的指令。

2)在行车或检修中将诊断结果送入列车状态数据存储装置。

3)通过 GSM-R 系统可将故障信息传送回基地(供货范围仅包括车载设备,不包括地面机站设备),无线传输接口在设计联络中确定。

(6)显示

1)诊断的主要信息在司机驾驶台上的显示屏上显示。

2)各控制级均设故障读出端口以供维修时用便携机读出。

4. 运行性能安全监测系统

安全功能由硬线或专用设备完成,有关诊断数据由 TCMS 管理。

1)动车组上设运行性能安全监测系统。该系统应能对动车组和各个重要功能系统的重要部件的性能进行实时监测和报警,确保动车组运行安全。

2)系统的监测内容一般包括车辆横向稳定性(仅限整列进口的首列动车组)、轴温、制动系统的工作状态、制动动作情况、防滑器的工作情况、车上用电系统的状态(如断路、短路、绝缘性、三相不平衡度等)、车门状态及必要的烟雾和火灾报警等。

3)通过系统监测及时发现故障,及时报告,以便及时进行维修,必要的紧急故障可通过司机或调度台控制列车运行。

第 7 章 列车通信网络的发展趋势

7.1 当前列车通信网络存在的问题

近年来，随着车载智能设备的逐渐增多，列车通信网络的应用越来越普遍。在高速动车组和城轨车辆上，全部采用列车通信网络产品对全列车进行控制。但就目前情况看，列车通信网络中应用的总线类型较多，在车辆级采用的总线有 MVB 总线、CAN 总线、RS485 总线等，列车级采用的总线有 WTB 总线、Lon Works、WordFIP 总线等，因此列车通信网络的发展还存在诸多问题。

1. 总线标准不统一

虽然国际电工委员会在 1999 年推出了列车通信网络标准 IEC 61375-1，但目前在列车上应用的总线类型较多，由于各大车辆制造公司的利益冲突等原因，短期在车辆上采用统一的总线标准是不可能的。由于不同总线的通信协议有很大差异，要实现不同总线的产品连接较困难，给列车通信网络的应用带来不利影响。

2. 开放性欠缺

目前列车通信网络标准 IEC 61375-1 已为较多的车辆制造公司和配套厂商所掌握，但实现该标准的硬件核心芯片被欧洲几家大的车辆制造商所垄断，为列车通信网络的推广带来了困难。

3. 互操作性不好

列车通信网络的主要特点之一是可互操作性，虽然不同的总线可通过网关通信，但这种互操作只能在各自的主机间进行，不能直接在彼此的现场仪表进行，这种互操作是达不到系统的实时性要求。在一种国际标准现场总线的内部，进行互操作应该是没有问题的，实际应用中发现，不同供应商提供同一现场总线的设备之间不能完全实现互操作。

4. 应用范围较小

列车通信网络主要应用在列车上，实现车辆间的通信、控制、监控和故障诊断功能。其应用范围没有工业现场总线大，在开发过程中开发商投入较大且在短时间内不能收回成本，因此该项核心技术仅被欧洲少数的几家大公司所垄断。

为解决上述问题，工业以太网的发展值得关注。

7.2　工业以太网技术

现场总线的发展已经极大地改变了控制系统的结构，它具有开放、数字化、可互操作等特点，有利于实现列车的控制、通信、监控和故障诊断等功能。但由于现场总线存在前面提到的几方面问题，促使人们开始寻找新的出路，并关注到工业以太网。

1. 以太网设备的发展过程

(1)集线器（Hub）

相信绝大多数人都熟悉集线器。很多人使用这种简易设备去连接各种基于以太网的设备，如个人计算机，可编程控制器等。集线器接收到来自某一端口的消息，再将消息广播到其他所有的端口。对来自任一端口的每一条消息，集线器都会把它传递到其他的各个端口。在消息传递方面，集线器是低速低效的，可能会出现消息冲突。但是，集线器的使用非常简单——实际上可以即插即用。集线器没有冗余功能。

(2)非管理型交换机（Unmanaged Switch）

集线器的发展产生了一种叫非管理型交换机的设备。它能实现消息从一个端口到另一个端口的路由功能，相对集线器更加智能化。非管理型交换机能自动探测每台网络设备的网络速度。另外，它具有一种被称为“MAC地址表”的功能，能识别和记忆网络中的设备。换言之，如果端口2收到一条带有特定识别码的消息，此后交换机就会将所有具有那种特定识别码的消息发送到端口 2。这种智能避免了消息冲突，提高了传输性能，相对集线器是一次巨大的改进。但是，非管理型交换机不能实现任何形式的通信检测和冗余配置功能。

(3)管理型交换机 (Managed Switch)

以太网连接设备发展的下一代产品是管理型交换机。相对集线器和非管理型交换机，管理型交换机拥有更多更复杂的功能，价格也高出许多，通常是一台非管理型交换机的 3～4 倍。管理型交换机提供了更多的功能，通常可以通过基于网络的接口实现完全配置。它可以自动与网络设备交互，用户也可以手动配置每个端口的网速和流量控制。一些老设备可能无法使用自动交互功能，因此手动配置功能是必不可少的。

绝大多数管理型交换机通常也提供一些高级功能，如用于远程监视和配置的 SNMP(简单网络管理协议)，用于诊断的端口映射，用于网络设备成组的 VLAN(虚拟局域网)，用于确保优先级消息通过的优先级排列功能等。利用管理型交换机，可以组建冗余网络。使用环形拓扑结构，管理型交换机可以组成环形网络。每台管理型交换机能自动判断最优传输路径和备用路径，当优先路径中断时自动阻断(block)备用路径。

2. 以太网的优点

(1)具有相当高的数据传输速率(目前已达到 100 Mbit/s)，能提供足够的带宽。

(2)由于具有相同的通信协议，Ethernet 和 TCP/IP 很容易集成到互联网世界。

(3)能在同一总线上运行不同的传输协议，从而能建立企业的公共网络平台或基础构架。

(4)在整个网络中，运用了交互式和开放的数据存取技术。

(5)该技术已为众多的技术人员所熟悉，市场上能提供广泛的设置、维护和诊断工具，成为事实上的统一标准。

(6)允许使用不同的物理介质和构成不同的拓扑结构。

目前世界上已有一些国际组织从事推动以太网进入控制领域的工作,如IEEE(美国电气和电子工程师协会)正在着手制订现场总线和以太网通信的新标准。该标准将使网络能看到“对象”。IAONO(工业自动化开放网络联盟)最近与ODVA和IDA集团就共同推进Ethernet和TCP/IP达成共识。ODVA(DeviceNet供应商协会)于2000年3月17日发布了一个为在工厂基层使用以太网服务的工业标准。FF(现场总线基金会)于2000年3月29日公布了高速以太网(100 Mbit/s)的最终技术规范(FSI1.0)。工业以太网协会与美国的ARC、Advisory Group等单位合作,开展工业以太网关键技术的研究。目前1 000 Mbit/s以太网的发展已进入应用阶段,但其价格还比较昂贵。由以上分析可知,以太网进入工业控制领域是一个不可忽视的发展趋势。

3. 以太网的研究进展

(1) 封装

众所周知,以太网自身只提供一系列的物理介质定义和一个共享的构架。构架包括物理介质、帧格式和LAN设备数据的寻址格式,即它只提供物理层和数据链路层。而Ethernet、TCP/IP则包含IP协议(层三)、TCP或UDP协议(层四),当以太网用于信息技术时,第七层含有HTTP(超级文本传输协议)、FTP(文件传输协议)、SNMP(简单网络管理协议)、SMTP(简单电子邮件传送协议)和Telnet(远程登录)等。但当它用于工业控制时,体现在第七层的是实时通信、用于系统组态的对象以及工程模型的应用协议。对这些不同的概念进行组装称为“封装”(Encapsulation)。TCP/IP支持基于异种操作系统的异种网络间的互联,它是真正的开放系统通信协议,已成为目前国际上进行异种网络互联的事实上的标准。

“封装”是将报文帧嵌入到TCP或UDP的容器中。典型的例子有Rockwell Automation和ODVA开发的Ethernet/IP、FF开发的 HSE（高速以太网）、Schneider Electric 开发的 Modbus TCP/IP。所有这些协议数据在发送到以太网以前，现场总线报文基本上没有什么变化并作为“用户数据”嵌入到 TCP/IP 帧内，很容易向下兼容到基于以上总线的协议。

（2）代理服务器

代理服务器（Proxy）类似于对两个不同通信协议进行转换的网关（Gateway），但其功能要比后者强得多。代理服务器的主要目标是将标准现场总线网络集成到工业以太网网络，其主要优点是现有的现场总线设备在今后仍能长期使用，从而保护用户的投资。支持这种观点的是由 Profibus 国际组织发布的 Profinet，它包含两个概念，即开放的、面向对象的运行期（Runtime）概念和独立于制造商的工程概念。运行期概念基于 TCP/IP、UDP、RPC（运程程序调用）和 DCOM，并对这些基本机制进行加强和优化，因而它适合于高实时性能要求的应用领域。工程概念包括建立工程对象模型，它不仅使用户能通过不同制造商的组态工具进行开发，还可以采用分面（Facet）的方法定义制造商和应用专用的扩展功能，因此支持在单个工厂范围集成不同制造商的产品。

（3）实时通信系统

IDA（Interface for Distributed Automation，用于分布式自动化的接口）采用美国 California 公司开发的位于第四层的 NDDS 实时通信系统，NDDS 是 Publisher/Subscriber 模式，提供宽范围强有力的应用服务。IDA 的另一个重要特性是基于 Web 的设备管理。所有现场设备均有其本身的 Web 页面，包括组态、操作和诊断参数，用户可通过标准的浏览器进行访问。基于 XML 的设备描述简化了系统的组态，并支持设备的互操作性和互换性。IDA 位于工业以太网的第七层，它还定义从第四层到第七层和应用接口（API）之间的通信，甚至还包括应用程序的标准编程接口。

（4）嵌入以太网的 I/O

早在 1998 年，Foxboro 公司就成功地将其 Micro-I/A 自动化系统中的以太网 I/O 用于德国 Bayer AG 公司的氯碱分厂，以太网将所有现场设备、控制器和 PC 机工作站集成为一个高可靠、低成本的实时控制的信息网络。

(5)网络就是控制器

德国 Jetter AG(Ludwisburg，Germany)最近发布的 Jetweb 自动化系统立意新颖，它是基于 100 Mbit/s 以太网的分布式智能控制系统，宣称"网络就是控制器"的观点。其特点是：

1)类似 Internet 的结构，对数据的实时传输不需要编程，不需要考虑网络的层次结构。

2)对用户来说，只有一组数据和一个程序，所有数据在网络中只需表达一次，程序和数据均可以重复使用，网络扮演真正服务器的作用。

3)从传感器到工厂管理层，只有一条以太网总线进行直接通信。

4)可连接到 Internet，实现整个工厂全球化联网。

5)以太网既是连接到各种智能模块的系统总线，又是连接现场设备的现场总线，内部和外部的通信在此没有什么区别，集线器技术被集成在每个控制器中，通过分配地址空间将内部通信从外部通信中分离出来。

4. 以太网在高速列车上的应用

随着高速列车技术的发展，列车网络控制系统与子系统之间、车—地之间控制和信息传输的需要，以及运营商和乘客需求的提高，动车组列车网络控制系统的功能越来越强，所需传输的信息越来越多，所需网络的带宽更是急剧增加。传统的列车网络控制系统无法支持如此大的数据量，为此以太网应用于高速列车网络控制系统具有广阔的应用前景。

(1)工业以太网应用于列车网络控制系统优势分析

与传统的列车网络控制系统相比，基于以太网的列车网络控制系统具有如下优势：

1)数据传输速率高。以太网的传输速率已经达到 100 Mbit/s、1 000 Mbit/s,能够满足智能化需求条件下的大容量、高速数据传输的需求。

2)组网方便灵活。以太网支持多种物理传输介质和拓扑结构,组网灵活,管理简单。

3)应用广泛。便于和子系统及输入输出设备进行接口,很容易在列车网络中扩展其他以太网接口设备。

4)价格低廉,有利于降低列车网络系统成本。以太网是目前应用最广泛的计算机网络技术,相对于目前的 TCN 等列车网络,硬件价格相对较低,通用性好。

5)集成度高,占用空间小。以太网技术的不断发展和成熟,集成度日益提高,有利于列车网络系统中智能控制单元体积的减小和结构的简化。

6)容易与信息系统集成。采用以太网,能够非常方便地接入地面信息系统,实现信息共享,获取列车运行过程中的实时信息。

(2)工业以太网应用于列车网络控制系统的难点和解决办法

工业以太网相比较传统网络,在实时性和确定性方面存在不足,主要采取以下方案予以解决:

1)提高网络传输速率。对于共享式以太网,网络负载在 30%以下时,高速以太网发生冲突碰撞的可能性极小;网络负载在 10%以下时,高速以太网发生冲突碰撞的可能性几乎为零。数据吞吐量相同的情况下,通信速率的提高意味着网络负载的减轻,可以在一定程度上减小冲突发生的概率,提高网络的实时性和确定性。

2)采用交换式以太网。采用交换式以太网技术,隔离各端口之间的信息流,使原来的共享式带宽变为独占式带宽,从而使工业以太网的实时性和确定性得到提高。

3)建立实时以太网。主要有 3 个方面:

①在 TCP/UDP/IP 的上层建立实时协议,例如 Modbus/

TCP、Etherent/IP，这种方式可达到软实时，但不能实现硬实时。

②使用实时协议 TCP/IP，例如 Etherent Powerlink，以及我国开发的 EPA(Etherent for Plant Automation)。

③在使用实时协议取代协议 TCP/IP 的同时，修改以太网控制器所在的数据链路层，开发专用的硬件电路，解决实时性问题。

(3)工业以太网应用于列车网络控制系统现状

目前在欧洲，庞巴迪公司已经推出融合以太网的列车网络控制系统，大多是以以太网与传统列车网络控制系统共存的配置方式。正在研究完全基于工业以太网的列车网络控制系统。庞巴迪公司最新的列车网络控制系统是将既有的列车网络控制系统和开放式 IP 相结合，继承了所有的车载系统，实现列车网络控制系统与子系统及车—地车间设备的通信。

欧洲的西门子公司、阿尔斯通公司，日本的三菱公司、日立公司也在开发各自的基于以太网的列车网络控制系统。西门子公司在 ICEX 项目上应用了基于以太网的列车网络控制系统，计划 2016 年投入使用。日本的三菱公司在香港沙中线地铁上开始应用基于以太网的列车网络控制系统。

基于工业以太网的迅速发展和诸多优势，国际电工委员会 IEC 开始着手推出支持以太网的列车通信网络标准，旨在推动以太网在高速列车网络控制系统的全面应用，其中包括用于车辆总线以太网标准 IEC 61375-3-4 和用于列车总线的以太网标准 IEC 61375-2-5。

我国在自主开发的时速 350 km 中国标准动车组上也采用了工业以太网，主要用作维护网络，实现软件的集中上传和故障的集中下载，同时考核工业以太网工作的实时性和可靠性，为后续开发基于工业以太网的列车网络控制系统奠定基础。

随着工业以太网技术的发展和成熟，采用基于工业以太网的高速列车网络控制系统是必然的趋势。

参考文献

[1] 陈特放,等.列车微机与网络控制技术及应用[M].北京:科学出版社,2012.

[2] 陶艳,等.列车网络控制技术原理与应用[M].北京:中国电力出版社,2010.

[3] 中华人民共和国铁道部.GB/T 28029.1—2011　牵引电气设备　列车总线　第1部分:列车通信网络[S].北京:中国标准出版社,2012.

[4] 崔亚.网络控制系统的容错控制研究[D].哈尔滨:哈尔滨理工大学,2014.

[5] 常振臣:基于TCN标准的列车通信网络研究与开发[D].北京:北京交通大学,2006.

[6] 阳宪惠.现场总线技术及应用[M].北京:清华大学出版社,2008.

[7] 倪文波,等.高速列车网络与控制技术[M].成都:西南交通大学出版社,2008.

[8] 何成才,等.动车组网络技术[M].成都:西南交通大学出版社,2009.

[9] 常振臣,等.列车通信网络研究现状及展望[J].电力机车与城轨车辆,2005,28(3):5-7.

[10] 常振臣,等.基于TCN技术的内燃动车组列车通信网络[J].铁道车辆,2006,44(5):31-33.

[11] 常振臣,等.基于TCN标准的智能显示单元在动车组上的应用研究[J].电力机车与城轨车辆,2006,29(2):7-9.